KB173170

광합성의 세계

지구상의 생명을 지탱하는 비밀

이와나미 요조 지음
심상철 옮김

전파과학사

머리말

어떤 책을 저술하려면 평소부터 그 내용과 편성 방법을 늘 생각하고 있다가, 또는 출판사로부터 청탁을 받고 그 내용에 대해 충분히 검토한 다음에 수락 여부를 결정하는 것이 순서일 것이다.

그런데 이 책의 경우는 느닷없이 "선생님께서 광합성에 관한 책을 저술해 주셔야겠습니다. 저희들은 틀림없이 수락해 주시는 것으로 알고 그렇게 추진하겠습니다" 하는 식의, 정말 밤중의 홍두깨 격으로 떠맡게 되었다.

사실 식물생리학(植物生理學)이 내 전공이기는 하나, 광합성을 몸소 연구하는 처지가 아니어서 이러한 책을 저술하게 되리라는 생각은 전혀 없었다. 그런데도 이 책을 쓰게 된 경위는 다음과 같은 편집자 측의 의도가 마음에 들었고, 또 저자가 제시한 어려운 조건에 서슴지 않고 호응해 주었기 때문이다. 편집자 측의 의도는

> "대중에게 읽히는 책은 그 내용을 깊이 파고드는 전문가보다는, 오히려 먼발치에서 관심을 가지고 있는 준전문가(準專門家)의 입장에서 쓰는 것이 더 나을 수도 있다. 왜냐하면 그 내용에 몰두하는 전문가가 흥미롭다고 생각하는 것이라 해서 그대로 대중에게 먹혀드는 것만도 아니기 때문이다. 전문가들은 구석구석 너무도 잘 알고 있기 때문에 그 내용을 대담하게 요약하기가 어려울 때가 많다"

는 것이었다.

그러니까 광합성을 전문적으로 연구하는 사람이 아닌 사람,

그렇다고 전혀 관련이 없는 비전문가에게 맡길 수도 없는 노릇이므로, 어느 정도 내용을 아는 사람으로서 과거 대중이 읽는 책을 저술해 본 경력이 있는 사람이면 안성맞춤일 것이다. 그렇다면 저자는 그러한 조건에 부합이 되는 셈이다.

2차 대전이 끝나자 과학 교육은 갑자기 내용이 충실해져 학생들은 물론 대중들도 과학에 대한 지식이 높아지기는 했지만, 어딘가 허점이 없지도 않다. 가령 교과서라든가 매스컴에 흔히 나타나는 염색체(染色體, DNA)의 나선 구조가 현미경 같은 것으로도 들여다볼 수 있다고 잘못 알고 있는 대학생도 있으니 말이다. 이렇게 깊이가 없는 과학 지식은 과학 발전에 저해가 되기도 한다.

이 책의 취지는 광합성에 관한 해설을 하자는 것이 아니다. 오묘하게 이뤄지고 있는 대자연의 신비를 우리 인간의 입장에서 볼 때, 저절로 숙연해지는 심정으로 광합성에 관한 이야기를 이해해 주었으면 한다.

그리고 직접, 간접으로 도움을 주신 미와(三輪知雄) 선생님을 비롯하여 식물생리학을 연구하시는 분들과 또 원고 정리에 협력을 아끼지 않으신 고단사(講談社) 과학도서출판부 고에다(小枝一未) 씨, 스에다케(末武親一郎) 씨에게 깊은 감사를 표한다.

이와나미 요조(岩波洋造)

차례

머리말 3

서장 **9**

한 마리의 동물과 한 그루의 나무 10

1장 '살아 있다'는 것 **13**

그야 당연한 것(?) 14

수수께끼 같은 낱말 16

분석만이 능사가 아니다 17

'생명'을 어떻게 규명할 것인가? 20

'수프' 속에서 태어난 생명? 21

어느 과학소설(SF) 22

녹색 인간 24

호화 생활 26

2장 광합성이라는 화학산업 **29**

식물에 의지하는 인간 30

불균형한 세계 31

공포의 과학 34

자연의 예술 36

광합성 공장—엽록체 37

독자적인 엽록체 40

녹색의 피 42
헤모글로빈과 엽록소 45
엽록소의 효용 47
연 같은 구조 48
광합성의 주역은 a와 b 51

3장 광합성의 동력 ······ 53

광화학 스모그 54
빛이 독성물질을 55
태양에너지의 위력 58
엽록소라는 포수 60
엽록소는 파랑과 빨강을 좋아한다 62
식물은 왜 푸를까? 64
식물이 붉은색이라면 66
파란 바다와 붉은 풀 68
과학자의 소질? 71
직접 볼 수 있는 광합성 72
사진의 노광과 현상 75
빛에너지의 이용률 78
광합성 단위 80
엽록소는 반도체 81
빛에너지를 전기에너지로 83

4장 광합성의 원료 ······ 87

식물의 '강한' 생활력 88
공기의 정화? 90

지구의 탄소자원 92
0.03%에 매달린 지구의 생명 95
물이 아래에서 위로 흐른다 97
무엇이 물을 밀어 올리나? 100
원료의 수납 창구—기공 105
기공의 개폐 시간 107
체내시계 110

5장 광합성의 생산 과정 ······ 115

방공호의 표지 116
몰리쉬의 실수 118
식물의 생산과 소비 120
빛과 동시에 온도도 123
조광의 간헐 126
엉뚱한 생각 128
산소의 신원 파악 131
황을 내뿜는 세균 134
산소를 방출시키는 물질 136
광합성을 추진하는 열쇠 138

6장 광합성의 제품과 이용 ······ 143

당이 되기까지 144
동위원소에 의한 추적 145
유기산이란 중간적 물질 148
생명의 에너지원 151
두 가지 아밀라아제 155

광 안의 쌀가마 158
수입과 지출 160
에너지의 수수 161
게으름뱅이 식물 164
식물의 살인 164
열을 뿜는 새싹 167
ATP의 주역 169
불완전호흡 173
생물은 단백질 덩어리 175
질소의 반입자 177
천둥과 근류균 179

7장 빛과 식물 183

태초에 빛이 있었노라 184
해가 짧아야 꽃을 피운다 184
광주성의 의미 186
한계는 12시간이 아니다 187
암흑 속에서 만들어지는 플로리겐 191
환상의 물질 193
흙을 덮으면 발아하지 않는다 195
적색은 진행, 적외선은 정지 198

종장 203

역자 후기 209

서장

한 마리의 동물과 한 그루의 나무

지루한 원자 폭탄의 세례도 멎었다. 며칠이 지났건만 아직도 강한 방사능이 쇠퇴할 줄을 모르고 있다. 졸지에 폐허가 되어 버린 이 삭막한 벌판에는 한 마리의 동물과 단 한 그루의 나무만이 만신창이가 되어 요행히도 살아남았다.

차츰 의식이 회복된 동물이 사방을 둘러보아도 의지할 것이라곤 단 한 그루의 나무뿐이다. 허기에 지친 이 동물은 나무를 좌표로 삼고는 주변에 가까이 또는 멀리 돌아다니면서 먹이를 온종일 찾아 보았으나 아무것도 없다.

나무 밑에 웅크리고 앉아 저물어 가는 저녁놀을 넋 없이 쳐다보고 있는데 무언가 눈앞을 스쳐 가는 것이 있어, 거의 반사적으로 잡아 보니 그것은 나뭇잎이었다. 이상하다 싶어 나무 위를 쳐다보니 아직도 꽤 많은 잎이 달려 있다. 단숨에 기어 올라가 닥치는 대로 훑어서 먹었다. 풀 냄새는 고사하고 너무 떫어 말이 아니었으나 그래도 '먹을 수 있을 만큼 먹어 두어야지…' 하고 쑤셔 넣다가, 문득 '내가 살아남으려면 이 나뭇잎이야말로 생명을 이어 줄 젖줄이 아니겠는가' 하는 생각이 떠오르자 이번에는 '되도록 아껴 두어야지…' 하는 생각으로 바뀌었다. 그다음 날부터는 허리띠를 움켜쥐고 늙은 잎만을 골라 가며 시장기만 면할 정도로 따 먹었다. 그래서 나무에는 새싹이 돋아나기 시작했고 가지들은 나날이 새파랗게 되어 갔다.

그러는 동안 여름이 지나가고 가을철로 접어들자 나뭇잎은 점점 굳어져 드디어 한 잎 두 잎 떨어져 갔다. 먹이가 떨어지자 지칠 대로 지친 동물은 마지막 잎이 바람에 날려가는 것을 멀거니 쳐다만 볼 뿐 쫓아가서 잡으려 들지를 않는다. 그럴 만한 기력이 없다. 이젠 '가만히 앉아 있는 것이' 좀 더 오래 살아남는 길이란 것을 본능적으로 깨닫고는 나무 밑에 그냥 주저앉아 버렸다. 이렇게 해서 한 마리의 동물과 한 그루의 나무는 그대로 눈 속에 파묻혀 버렸다.

이듬해 뜨뜻미지근한 봄바람과 더불어 이 나무에는 다시 새싹이 돋아났고 이어 가지마다 우거져 꽃망울도 맺혔다. 그러나 그 동물은 영영 잠들고 말았다.

이처럼 동물은 식물을 먹이로 해서 살아가지만, 식물은 동물을 먹지 않고도 살아간다. 식물은 생명을 유지하는 데 필요한 유기물(有機物)을 스스로 합성해 가지만 동물에는 그러한 능력이 없기 때문이다. 자신에게 필요한 유기물을 스스로 만들어 내지 못하는 동물은, 식물이 만든 유기물을 가로채는 수밖에는 별 도리가 없다.

그렇다면 독자 중에는

'동물을 먹이로 해서 살아가는 동물도 있지 않은가?'

하는 사람도 있을 법하다. 사실 고양이 같은 동물은 쥐 등을 잡아먹고 살아간다. 하지만 고양이에게 잡아먹히는 쥐는 쌀이나 채소를 먹고 사는 동물이다. 식물이 합성해 낸 유기물을 우선 쥐가 가로채 먹고, 이어 쥐 속에 들어 있는 유기물을 고양이가 가로채 먹는다. 그러니까 고양이든 승냥이든 사자든 알고 보면 식물이 만들어 낸 유기물을 간접적으로 이용해서 살아가고 있는 것이다.

"인간을 비롯하여 모든 동물은 식물의 기생충(寄生蟲)이다"

라는 말은 이를 두고 하는 이야기다.

본래 동물은 먹이를 찾아내느라 여기저기 돌아다녀야 하지만, 식물은 처음부터 그럴 필요가 없다.

식물이 해내는 유기물의 합성작용(合成作用), 지구 위에 있는 모든 동식물을 지탱해 주는 화학산업(化學産業)이 바로 이 책의 주제인 '광합성'이다.

1장
'살아 있다'는 것

그야 당연한 것(?)

서장에서 "식물은 살기 위해 그 자신에 필요한 유기물을 광합성이란 수단을 거쳐 만들어 내지만 동물에는 그런 수단이 없다. 그래서 동물은 식물이 만들어 낸 유기물을 먹고 산다"는 설명을 한 바 있다. 이것을 읽자마자 '흥, 그랬던가!' 하고 감탄을 하거나 '그야 당연한 것인데…' 하고 대수롭지 않게 여긴다면 좀 경솔한 사람으로 보인다. 이러한 사실을 이해하려면 적어도 다음과 같은 세 가지 사항에 대한 기본 요건이 갖추어져야만 한다.

① '살아 있다는 것'이란 어떠한 상태를 말하나?

② 살기 위해서는 유기물이 필요하다는데 그 이유는?

③ 식물이 해내는 광합성을 만물의 영장(靈長)인 인간이 왜 못 하는가?

지난봄에 우리 집에서는 고양이가 새끼 네 마리를 낳았다. 고양이를 가장 좋아하는 초등학교 5학년인 아들에게 과학적 고찰에 관한 질문을 몇 가지 던져 보았다.

"고양이는 왜 고양이 새끼만 낳을까? 강아지도 한두 마리쯤 낳을 법한데?"

그랬더니 이 아이는 거침없이

"당연한 것 아니에요? 사람의 경우도 그렇듯이…"

하고 질문 자체가 우습다는 표정이다.

이를 듣고 있던 아이 어머니는 그런 바보스런 질문을 왜 하느냐는 뜻으로 "아빠는 강아지를 좋아한다"면서 빈정대는 태도다.

당연하다고 생각되는 것이 정말 당연하기만 하다면 좋겠지만 이 세상은 반드시 그런 것도 아니다. 그래서 여기서

“그럼 살아 있다는 것은 어떻게 설명할 거냐?”

하고는 ‘바보 같은 질문’이라는 생각은 하지 말고 진지하게 이야기해 보자.

‘살아 있다는 것’과 그냥 움직이고 있다는 것은 다르다. 가령 나사를 감아 주지 않아도 돌아가는 시계, 전동차(電動車)가 들어오는 것을 미리 알리는 경보 장치, 방대한 숫자를 기억해 두었다가 인류의 미래까지도 예측해 내는 컴퓨터, 머지않아 완성될 정교한 인간 로봇 등을 우리는 살아 있는 것으로 보지 않는다.

한편 우리는 자신은 물론 벌레라든가 새, 나무, 풀들을 ‘살아 있는 것’으로 믿고 있다. 그리고 인간이 로봇보다도 잡초에 더욱 가까운 것으로 생각되는 이유는, 로봇은 인간이 만든 것으로서 그 모양이 변치 않으나 잡초는 자연에서 생겨나 점차 그 모습이 변해 가기 때문이다.

‘그렇다면 자연에서 생겨나, 모양이 변해 가는 것이기만 하면 살아 있는 것으로 볼 수 있다는 말인가?’

그러나 고드름, 수정, 구름, 사구(砂丘), 하천 등도 자연에서 생겨나 저절로 커 간다.

그러면

‘항상 먹이를 섭취하고 배설하면서 움직이는 것이 생물이란 말인가?’

그렇지는 않다. 증기기관차는 석탄의 보급을 받아 가면서 연

기를 내뿜고 달린다. 난방 보일러 장치는 석유나 천연가스를 자동 장치에 의해서 보급받고 이를 연소시켜 이산화탄소, 물을 방출하면서 수온을 조절한다.

수수께끼 같은 낱말

인간은 잠들어 있을 때에도 숨을 쉰다. 식물도 호흡을 한다. 그러므로 '호흡을 하는 것은 생물이다'라고 정의할 수 있지 않을까?

호흡이란 산소를 이용해서 당류(糖類) 등의 유기물을 분해하고는 그 안에 들어 있는 에너지를 끄집어내는 작용이다. 따라서 대부분의 생물은 이러한 작용, 즉 호흡을 하고 있다. 그렇다고 어떤 생물이든 반드시 호흡을 한다는 이야기는 아니다.

예컨대 수십 미터 땅속에 있는 세균류는 산소가 없어서 호흡을 하지 못하지만 그래도 엄연히 살고 있다. 또 효모균(酵母菌)을 항아리에 넣어 두고 밀봉을 해서 산소를 차단해 버리면 호흡이 중단되기는 하나 그래도 죽지 않고 살아 있다.

아득한 옛날 이 지구 표면에 최초의 생명체가 생겨날 무렵에는 산소가 거의 없었다. 이렇게 산소가 없는 곳에서 태어난 원시생물(原始生物)은 당연하게도 호흡을 하지 않았다. 그러므로 '호흡을 한다' 해서 그것이 '살아 있다'는 것과는 직결되지 않는다.

또 생물체에는 단백질이 많이 들어 있다. 하지만 생물이 아니라도 단백질이 들어 있는 것들이 많다. 설사 살아 있는 생물체에서의 기능과 똑같은 단백질을 지니고 있다 해도, 심장이 멎었거나 뇌의 기능이 멎은 동물은 살아 있는 것이라고 말할 수 없다.

그래서 다시 한 번 반문해 본다.

“살아 있다는 것은 어떤 것을 말하는 것일까?”

저자로서는 안된 이야기지만 “생물학을 전공하는 입장에 있으면서도 이것을 선명하게 설명할 수가 없다”고 솔직히 고백할 도리밖에 없다.

‘그래 가지고서야 어떻게 생물학을 가르칠 수 있다는 건가?’ 하고 꾸짖는다면 ‘지당한 말씀’이라고 고개를 조아리고 듣는 수밖에 없다. 이것은 비단 저자뿐만도 아닐 것이다.

그러나 이것은 요즘의 생물학자들이 공부를 게을리해서라기보다는 ‘살아 있다는 현상’이 너무도 복잡해서, 천지신명이 아니고는 인간이 완전무결하게 설명할 수는 없는 일인지도 모른다.

“생명(生命). 그것은 아주 상식적이면서도 수수께끼같이 대단히 어려운 말이다.”

이것은 『생명의 기원』이란 책의 저자 오파린의 말이다.

분석만이 능사가 아니다

일본에서의 이야기다. 아직 정교한 시계 하나 제대로 만들어내지 못할 때 어느 벽돌 공장 주인이 ‘1년 동안 단 1초도 틀리지 않는’ 시계를 가졌다 해서 그 근방 일대에 소문이 파다하게 퍼졌다. 그 시계는 큼직한 손목시계였는데 당시 유럽을 두루 구경하고 돌아온 어떤 친구로부터 사들인 것이다.

그 친구가 공장 주인에게 시계를 건네주면서 하는 말이

"스위스제 또는 스웨덴제는 우선 그 재료, 즉 금속의 질이 다르단 말이야. 일본에서 만든 것은 금속의 재질이 형편없어 좋은 것이 나올 리가 없지."

하더라는 것이다. 이 말이 공장 주인의 머릿속을 맴돌면서 도무지 잊히지를 않았다. 그러다가 문득 재질이 좋다는 그 금속을 만들 수는 없을까 하고 궁리한 끝에, 그 시계를 그럴싸한 연구소에다 맡기면서 이것이 어떤 물질로 되어 있는지 비용은 상관 말고 분석이나 잘 해 달라고 부탁했다. 그런데 공장 주인이 맡긴 시계란 것은 짓이겨진 금속 덩어리였다. '한 밑천 잡겠다'는 음흉한 생각으로 벽돌 공장 한구석에서 몰래 망치로 두들겨 납작하게 찌부러뜨렸다. 시계란 것을 눈치채지 못하도록 하자는 속셈에서였다.

며칠 후 그 분석표를 받았다. 철이 몇 퍼센트, 은이 몇 퍼센트 하는 식의 아주 자세한 분석값이 쓰여 있었다. 공장 주인은 이 분석표를 신주 모시듯 소중히 간직했다가 유명한 금속 공장을 찾아가서 "이 분석표와 똑같은 금속을 2㎏만 만들어 달라"고 특별히 부탁을 했다. 특별한 것이 아니었던 터라 그 금속은 어렵지 않게 만들어졌다.

거무스름한 금속 덩이를 들고 이번에는 미리 부탁해 두었던 시계 공장을 찾아가서 그 금속으로 시계를 만들어 달라고 했다. 이렇게 해서 초조하게 기다리다가 마침내 찾아온 시계는 '흔들 때만 잠깐 동안 가는 척'하는 장난감 시계만도 못한 그런 것이었다.

이 공장 주인이 '한 밑천'을 못 잡은 것은 '시계를 형성하고 있는 금속 재료의 성분들이 어떤 원소로 되어 있나?'에만 신경

〈그림 1〉 분석만으로는 생명을 파악할 수 없다

을 썼을 뿐, 부품마다 금속 재료가 다르다는 것, 또 부품에 따라 그 정밀도가 다르다는 것을 미처 생각지 못했기 때문이다.

이 같은 허점은 생물을 다루는 연구에 있어서도 마찬가지다.

살아 있는 생물을 갈아 뭉갠 다음 화학분석을 해 보면 탄소(C), 수소(H), 산소(O), 칼륨(K), 칼슘(Ca), 인(P), 질소(N) 등 흔히 볼 수 있는 것들뿐이다. '이 성분이 꼭 들어 있어야 살 수가 있다'고 내세울 수 있는 것이란 하나도 없다.

한편, 이들의 원소를 생물체에서 차지했던 분량 그대로 시험관에 넣고 물과, 그리고 체온과 같은 온도(36.5℃)를 가해 준다 해도 생명은 생겨나지 않는다. 앞으로 아무리 정교한 무기분석 기계가 개발된다 해도, 또 어떠한 천재가 나타난다 해도 생물체 분석만을 일삼고 있는 한 '생명'에 대한 해명은 해내지 못할 것이다. 더구나 생명의 합성에 있어서라면 말할 것도 없다.

그러면 '생명'을 어떻게 추궁해 보아야 하나?

'생명'을 어떻게 규명할 것인가?

미군이 러시아(구소련)의 비밀 병기를 어떤 수단으로 손에 넣었다 하자. 그리고 어느 연구소에 맡겨 그 내용을 철저히 알아보도록 부탁하면, 필경 과학자들은 상자에서 끄집어낸 그 병기의 전체 모양과 구성하고 있는 각 부품의 배치를 우선 정확하게 묘사하려 들 것이고, 이어 여러 가지 부품을 하나하나 신중하게 떼어 내기 시작할 것이다. 때로는 둘, 혹은 세 개의 부품들이 서로 물려 있는 채로 끄집어내지기도 할 것이다. 이렇게 해서 부품의 모습이라든가 그 기능을 파악하고 나서야, 비로소 금속의 종류, 성질 등의 조사를 시작하는 것이 순서다. 벽돌 공장 주인처럼 처음부터 시계를 짓뭉개서 금속 원소를 분석하는 식의 어리석은 짓은 하지 않는다.

생물의 경우도 우선 전체의 모습이나 구조를 살피고(형태학,

形態學), 이어 부품을 떼어 내면서 그들의 작용을 알아본다(생리학, 生理學). 그리고 세포 안에 있는 핵(核)이나 세포질의 작용을 살펴보고(세포학, 細胞學), 끝으로 이들 부품을 형성하고 있는 물질의 종류, 그 성질을 알아본다(생화학, 生化學 및 분자생물학, 分子生物學). 이렇게 해서 여러 분야의 전문가들에 의하여 여러모로 검토되고, 이것이 축적되어 생명의 해석이 차츰 풀려 가는 것이다.

현재까지 알려진 바에 의하면 생물체의 부품은 대부분 탄소화합물, 즉 유기물이다. 유기물이란 말은 생물이 만들어 낸 복잡한 물질을 통틀어 일컬어 왔다. 생물이 체내에서 만들어 내는 물질에는 당(糖)을 비롯해서 단백질, 아미노산, 호르몬류 등이 있는데 이들은 모두 그 중심에 탄소(C)가 들어 있는 것, 즉 탄소화합물이다. 그래서 탄소화합물은 곧 유기물로 여겨 왔다.

그런데 최근에는 플라스틱같이 생물체와 직접적인 관계가 없는 탄소화합물이 생산되어 유기물이란 말의 의미가 확대되었다. 다시 말해서 생체 내에서 만들어진 것이 아닌 유기물도 있다는 것이다.

어떻게 생물체의 주요한 부분은 유기물로 되어 있다. 우리 몸에 들어 있는 모든 유기물을 제거하면 무엇이 남을까? 아마 약간의 침전물이 있는 멀건 용액뿐일 것이다.

생물이 살아가는 데는 유기물이 필요하다는 이유가 바로 여기에 있다.

'수프' 속에서 태어난 생명?

지구 위에 태어난 최초의 생명체는 바다에서 생겨났을 것으로 여겨진다. 바다라고는 하지만 지금의 바다처럼 소금물이 아니고 영양분이 듬뿍 들어 있는 수프와 같은 액체의 늪이었다. 그 속에서 물방울 같은 생명체가 불쑥 튀어나와, 유기물이 분해될 때 방출되는 에너지를 이용하여 외액(外液)과는 다른 종류의 유기물을 만들기도 하고, 한편 외액의 양분을 흡수하기도 했다. 이것이 바로 이 지구 위에 있는 생물의 원시체(原始體)였던 것으로 생각되고 있다.

그러니까 지금도 영양분이 많은 우유라든가 수프 같은 것을 접시에 담아 어떤 특별한(?) 조건 밑에 놓아두면 그 안에서 생명체가 불쑥 생겨날지도 모른다. '생겨날지도 모른다'는 표현이 자칫 가능성이 많다는 뜻으로 받아들여진다면 '절대로 생겨나지 않는다고 장담할 수 없다'로 고쳐도 무방하다.

그러나 설사 수프 속에서 원시적인 생명체가 생겨났다 해도 그것은 옛날 지구에 생겨났던 것과 똑같은 것이 아닐 수도 있고, 더구나 그것이 사람으로 진화되리라고는 도저히 생각되지 않는다. 발생이나 진화는 지구의 변화, 즉 생명의 환경을 떠나서 논할 수 없기 때문이다.

어느 과학소설(SF)

어느 집에 남자아이가 태어났다. 그런데 갓난아기의 특유한 분홍빛 살색이 점점 퇴색되면서 그 아기의 손발이 이상하게도 노랗게 변해 가자, 깜짝 놀란 부모들은 의사를 찾아가서 물어보았다.

그러자 의사가

"황달이로구먼. 흔히 있는 병이니 과히 걱정할 것 없어요"

하기에 안심을 하고 있었는데, 노르스름한 살색은 여전히 없어지지를 않는다. 아기는 그런대로 무럭무럭 잘 자랐고 별다른 이상도 없었다. 그러나 항상 걱정이 가시지 않는 부모들은, 하루에 얼마 동안씩 손발에 일광을 쬐여 보라는 누군가의 말대로 어느 날 아기를 보육기(保育器)에다 넣어 햇볕이 잘 드는 마루 끝에서 처음 일광욕을 시켰다. 그런데 그날 오후에 기적이 일어났다.

이제까지 노르스름했던 아기의 손발이 녹색으로 변해 버렸다. 이것을 본 부모는 기절초풍을 했다. 당황한 그들은 남들이 알세라 육아책을 뚫어져라 열심히 찾아보았으나 허탕이었다. 전혀 그런 병세에 대한 이야기가 없다. 아기의 살색은 그다음 날 일광욕이 끝나자 더욱 파래져서 먼발치에서는 마치 손과 발에다 팔손이 나뭇잎을 감아 놓은 것이 아닌가 싶도록 파랬다.

앞으로 이러한 해괴한 일이 만일 지구 어디서인가 일어난다면 그것은 대기에 들어 있는 방사능의 양이 현재보다 몇백 배로 늘어나 인류의 절반 정도가 제대로 살아갈 수 없을 때의 일일 것이다. 동물과 식물의 근원을 캐고 보면 모두 원시의 생명체로부터 진화된 것인데 그 진화 도중에 이처럼 갈라진 것이다. 이렇듯 '우유 속에서는 절대로 생명체가 생겨나지 않는다'고 단언할 수 없듯이 앞으로 '녹색 인간이 절대로 생겨나지 않는다'고 그 누가 장담할 수 있겠는가. 이야기가 가공적(架空的)으로 빗나가는 감이 있으나 그대로 계속해 보자.

녹색 인간

온 세계 인류 중에 몹쓸 병에 걸린 폐인이 여기저기에 점점 그 숫자가 늘어만 가는데, 에티오피아와 네팔이란 두 나라는 비교적 방사능의 오염도 적고 과학이 훨씬 앞선 가장 근대적인 국가들이 되었다. 무엇보다도 다행스러운 것은 이 나라들이 모두 해발이 높은 대지라는 점이다. 우주의 '현관 나라'로도 불리는 이들 나라에서는 얼마 전만 해도 초등학교 어린이들이 달로 소풍을 가곤 했는데, 요즘에는 방사능의 오염이 두려워서인지 우주로 탈출하자는 국민들의 한결같은 아우성뿐이다.

이와는 반대로 예전에는 대국이었던 미국과 러시아(구소련)는 수십 년 전에 원자력을 지나치게 남용한 대가를 치르느라, 사방팔방으로 흩어진 방사능 오염으로 노심초사하면서 정신을 차릴 겨를이 없어 이제는 군사적으로도 경제적으로도 빈털터리가 되어 몹시 가난한 후진국으로 전락하고 말았다. 옛날에 기승을 부리던 이들 나라의 국민들은 두더지처럼 땅속에서 살아야 했고 지상에는 사람의 그림자조차 볼 수 없게 됐다. 뉴욕, 모스크바 같은 옛날의 번화가는 마치 멸망한 잉카 제국의 유적처럼 처절할 만큼 황폐해졌다. 그 무렵 녹색 인간이 생겨나기 시작했는데 그 출생률이 가장 높았던 곳이 이 두 나라였다.

녹색 인간 출현에 가장 관심이 큰 나라는 에티오피아와 네팔이었는데, 특히 네팔은 국토가 작고 주변 국가들이 방사선 장애로 고민하는 참상을 늘 보아 왔던 터라 벌써부터 어떤 별로 이주할 계획이 꽤 구체화되어 있었다. 그래서 네팔에서는 녹색 인간을 구하기 시작했다. 물론 녹색의 우주 비행사로서 이용할 생각에서였다.

〈그림 2〉 ‘녹색 인간’ 출현?

몇 해 전에 네팔에서 우주를 향해서 최초로 5명의 비행사가 떠났다. 이 녹색 인간인 비행사들은 로켓 속에서도, 별에 도착해서도 전혀 음식을 먹지 않았고 정기적으로 식도(食道)에 수분이 공급되도록 해 놓은 장치를 몸에 달고 있었기 때문에 한 모금의 물도 마시지 않았다.

그들이 '살아가기' 위해서 해야만 했던 일이란 하루에 한 번씩 옷을 벗어 버리고 인공 광선(人工光線)에 온몸을 쪼이는 일과 와 함께, 몇 달에 한 번씩 산소가 너무 많아지면서 이산화탄소가 줄어들기 시작한다는 것을 알리는 버저가 울릴 때 그것을 조절하는 단추를 눌러 주는 일뿐이었다. 이렇게 해서 그들은 오랫동안 별에 머물러 있으면서 지구 탈출을 위한 중요한 준비작업의 임무를 다했다.

네팔, 에티오피아가 '녹색 인간'의 쟁탈전을 벌이기 시작한 것도 그때부터였다….

호화 생활

만일 사람 몸의 일부가 식물 잎과 같은 작용을 한다면, 살아가는 데 필요한 유기물이 합성될 것이므로 우리는 매일같이 식사를 하지 않아도 된다. 그러므로 이런 점에 있어서 식물은 인간보다도 훌륭한 능력이 있다고 말할 수 있다. 그렇다면 인간이 진화해서 언젠가는 녹색 인간이 되지 않겠는가 하고 생각될지 모르나, 반드시 그렇게 되리라고는 생각되지 않는다. 오히려 그 반대로 될 것이다.

사람들의 일상생활을 살펴보면, 하고 싶은 것과 하기 싫은 것의 두 가지로 나뉜다.

'자고 싶다. 놀고 싶다. 멋을 부리고 싶다. 술 한 잔 마시고 싶다. 슬롯머신을 돌리고 싶다'

는 등 여러 가지 하고 싶은 것들이 있는가 하면,

‘청소는 하기 싫다. 빨래도 하기 싫다. 항상 붐비는 버스로 퇴근 하기 싫다. 윗사람에게 아첨하기 싫다. 공부도 하기 싫다’

등, 이처럼 하기 싫은 것도 많다. 그런데 이 중에는 자기가 꼭 해야만 하는 것도 있지만, 누군가 대신 해 준다면 그에게 맡기는 편이 나은 경우도 있다.

가령 공부 같은 것은 다른 사람에게 맡길 수 없지만 만원 버스가 싫으면 친구의 차를 얻어 타거나 중고차를 하나 마련해서 통근하면 된다. 빨래는 세탁기에 넣고, 밥은 전기밥솥으로 하거나, 그것도 귀찮으면 식당에서 사 먹으면 된다. 경제적인 여유가 있으면 요리사를 고용할 수도 있다.

요컨대 하기 싫은 것은 남에게 맡기는 생활 방식을 일컬어 호화 생활이라고 한다. 쇠고기나 야채를 사러 시장에 가는 것조차 싫은 사람이 복잡하고 힘이 드는 유기물 합성 같은 일을 기꺼이 맡겠다고 나서겠는가? 그런 것은 식물에 맡겨 두면 된다는 식의 사고방식이라면 인간은 녹색 인간이 되려고 하기는 커녕 오히려 피하려 들 것이다.

우리 인간들은 광합성을 못 하기에 앞서 아예 해 볼 생각조차 안 한다. 앞에서 말한 “동물은 먹이를 찾아다녀야만 하기 때문에 돌아다니지만 식물은 그럴 필요가 없다”는 말의 이면에는 “식물은 유기물을 그 자신이 합성하는데, 동물은 그것을 식물에게 맡겨 두고 있으므로 자신이 광합성을 할 필요가 없다”는 뜻이 내포되어 있다.

2장

광합성이라는 화학산업

식물에 의지하는 인간

〈동물의 왕국〉 같은 영화에서 뱀이 독수리한테 잡아먹히는 장면을 보고 있노라면 그 징그러운 뱀에게도 불쌍한 생각이 든다. 이처럼 피비린내 나는 동물 세계의 모습은 처절한 것이다. 그렇다고 독수리같이 뱀을 잡아먹는 동물들이 사람들처럼 징그럽다고 뱀을 기피한다면 어떤 일이 벌어질까? 뱀은 한없이 번식할 것이고 얼마 안 가서 어디에나 뱀이 득실거리는 뱀의 왕국이 될 것이다. 그렇게 되면 뱀 왕국은 식량난에 허덕이다가 결국에는 서로 잡아먹는 생지옥으로 전락하고 말 것이다.

그래서 생태계(生態系)란 것은 교묘하게 자연계의 균형이 유지되도록 짜여 있다. 즉 잔혹한 것 같지만 독수리는 뱀을, 뱀은 개구리를, 개구리는 벌레를 잡아먹는 식으로 알맞게 조절되도록 되어 있는 것이 대자연의 계율이다.

이러한 관계는 사람과 식물에 있어서도 다를 바가 없다. 이 지구에 식물이 없다면 사람인들 살아남을 도리가 없다.

그런데 인간은 묘한 동물이다. 이 지구에 태어난 고등생물 중에서 인간처럼 폭넓은 생활을 하는 것이란 옛날에도 없었고 앞으로도 없을 것이다. 원숭이도 그렇고, 코끼리도 그렇듯이 예나 지금이나 그들의 생활은 몇 세대를 거듭하면서 조금도 변한 것이 없다. 그래서 이러한 생물들은 그들 주위의 환경 조건이 나빠지면 살지를 못하고 어느 사이에 자취를 감추어 버린다. 일본 땅에 서식했던 매머드, 인목(鱗木, 학명 Leidodendron), 노목(蘆木, 학명 Eucalamites) 등 양치류가 바로 이렇게 없어졌다.

그러나 인류는 옛날에 어두컴컴한 동굴 속에서 고작 바닷가에 있는 조갯살이나 먹고 살다가 지금은 호화 주택에서 컬러

TV를 보면서 맥주를 들이켜고 있다. 이글이글 끓는 적도, 꽁꽁 얼어붙은 남극에서도 끄떡없이 살고 있다. 이것은 인간이 견디기 어려운 환경을 거뜬히 극복해 낼 수 있는 지혜와 능력이 있기 때문이다.

'그렇기 때문에 인간은 귀한 존재다'라고 생각할 만도 하다. 하지만 마음을 가다듬고 다시 한 번 생각해 보자. 우주는 인간을 중심으로 해서 운행되는 것만은 아니다. 예컨대 시간이란 것을 보아도 그것이 인간들의 생활에 맞추어 가면서 흐르는 것이 아니지 않은가. '인간만이 귀한 존재'라고 지나치게 우쭐대다가는 도리어 인간의 참된 가치를 모르고 넘겨 버리게 된다.

그래서 우리 인간들이 식물에 의존해서 살고 있는 한 '식물을 너무 많이 먹어 치우면 바닥이 나는 것이 아닐까?' 하고 한 번쯤은 생각해 볼 법도 하다. 그러나 적어도 당분간은 그런 걱정은 안 해도 된다. 왜냐하면 식물이 합성해 내는, 즉 광합성작용으로 만들어지는 유기물의 양은 인류가 몽땅 먹어 치울 만큼 그렇게 적은 양이 아니기 때문이다.

불균형한 세계

식물의 유기물 합성, 즉 '화학산업'은 연간 5000억 톤을 생산해 낸다.

이 양은 인간 사회의 화학산업과는 비교조차 할 수 없는 방대한 것이다. 더구나 이 화학산업이란 것은 태양에너지를 이용하는 능률이 높은 산업이다. 식물은 이렇게 규모가 크고 정교한 화학산업을 몇억 년 전부터 계속하고 있다. 더욱 신기한 것은 이 화학산업의 90%가 수중식물에 의해서 은연중에 이루어

〈그림 3〉 식물의 대화학산업

진다는 것이다.

이 생산량 중 인류의 식량으로 소비되는 양은 5000억 톤의 10% 또는 20% 정도, 즉 100억 톤도 안 된다. 그러므로 지구의 인구가 현재의 40배로 늘어나도 끄떡없다는 계산이다. 따라서 식물이 인간에게 전부 먹혀 버릴 염려는 안 해도 된다. 물론 이것은 식물이 만들어 낸 것을 전부 먹을 수 있다는 전제에서의 이야기다.

인류는 이들 식물 중에서 필요한 것만을 골라서 철저하게 이용하고 있다. 즉 식물은 자신이 만든 유기물을 사람에게 빼앗길 뿐만 아니라 사람을 위해 자신의 모습까지도 개조당하고 있다. 가령 지금 인류가 먹는 채소, 쌀, 보리, 감자, 과일류 등은 대부분 교배를 강요당했거나 방사선을 쪼여 체질, 형질이 변모된 것이다. 노예로서 봉사하는 정도가 아니라 사람에게 편리하게끔 식물 자체가 인간용으로 개조되어 가고 있다.

어디 그뿐인가? 전쟁, 공해, 단지 조성 등으로 식물은 찢기고 살생되는 등 온갖 수난을 겪는다. 마치 문명인에 쫓기는 원주민들처럼 자꾸만 외진 구석으로 밀려간다. 아마 뜻이 있는 식물이 있다면,

> "우리 식물들은 동물에게 먹이를 마련해 주고 있지 않은가. 그런데도 인간들은 왜 우리들을 학대한단 말인가? 인간들은 양분을 가로채 갈 뿐만 아니라 숲속에서 조용히 살고 있는 우리들을 마구 치고 받으면서 갖은 행패를 부리는데, 이런 인류를 왜 지구는 못 본 체 내버려 두고만 있는지 모르겠다"

하고 한탄을 할 것이다.

이 천지를 창조한 신은 오늘과 같은 이러한 불균형을 전혀 예상조차 못 했단 말인가? 만일 모든 인류가 현재의 아프리카나 적도의 원주민 정도로밖에 살 능력이 없었더라면 인간과 식물은 서로 공존했을 것이다. 그런데 인류는 지금 식물을 해치는 정도가 아니라 원자력의 개발로 대지는 물론 인간 자신까지도 단숨에 삼켜 버릴 만한 엄청난 힘을 지니고 있다.

'인간에게만 이처럼 막강한 능력을 지니게 한 것은 창조주의 큰 실수였다'고 생각하면 잘못일까? 이제부터는 인류가 그 막강한 능력을 올바르게 휘둘러서 생물계의 균형을 바로잡아 가는 방법밖에는 달리 구제할 길이 없다.

공포의 과학

과학의 발전은 인류에 무한한 복지를 안겨 주기는 하나, 반면 그 이면에는 인류를 파멸로 몰고 갈 위험성이 도사리고 있다. 과학이 발전할수록 우리 생활도 더욱 향상되리라는 것은 사실이나, 반면 '그 과학으로 말미암아 우리가 언제 멸망할지 모른다'는 불안을 안고 살아가야 한다. 과학과 예술의 차이를 굳이 비교해서 말한다면 수소폭탄 실험과 카라얀(지휘자)의 음악 같은 것이 아닐까.

자연과학 말고도 그 '진보, 발전'으로 말미암아 인류가 피해를 입게 되는 것이 전혀 없는 것은 아니다. 가령 광신적(狂信的)인 종교, 몇 사람만을 위한 정치, 경제 등이 바로 그 본보기들이다. 하지만 '직접 사람을 살생'한다든가 '악용하면 곧 흉기가 된다'는 점에서 과학은 그 이(利)와 해(害)가 분명하다. 과학이 발전하면 할수록 그 위험성도 커져 가는 것이므로 과학의 발전이라는 밝은 표정에는 공해라는 어두운 그림자가 뒤따라 다닌다.

요즘 공해가 문제가 되고 있기는 하나 과학이 내포하고 있는 놀랄 만한 위험성에 비하면, 비교조차 안 되는 하찮은 것이다. 자동차의 배기가스, 공장의 매연, 화학 공장 폐수에 의한 미나마타병(수오병, 水俣病) 등은 모두 과학 발전이 몰고 온 것들이다. 환경 변화에 둔감한 인간들에게까지 감지될 정도임을 보면,

민감한 식물계에 끼친 피해는 얼마나 컸겠는가.

공장 근처에 간신히 살아남은 가로수의 잎을 현미경으로 들여다보면 나뭇잎의 기공이 먼지와 매연으로 꽉 차 있다. 그래서 식물은 이렇게 메워진 틈새를 통해서 간신히 살아가고 있다.

공해는 지금도 우리 생활 속에 깊숙이 파고든다. 가령 과수를 다루는 사람들은 강력한 농약이 개발되어 있으므로 병충해를 걱정하지 않아도 되리라 생각했다. 그러나 이러한 강한 농약은 해충뿐만 아니라 꽃가루를 수정시키는 나비나 꿀벌 같은 익충까지도 죽게 한다. 네이팜탄(화염폭탄, 火炎爆彈) 은 적병뿐만 아니라 베트남 국민까지도 살상하지 않았던가.

예전에는 도심지만 아니면 어디서나 매미, 개똥벌레, 올챙이를 흔히 볼 수 있었다. 그러던 것이 요즘에는 희귀해져서 백화점의 상품으로 등장했다. 들판이나 논밭이 공장, 주택 등의 단지 조성으로 이들의 서식지가 줄어든 탓도 있지만, 그보다는 농약의 탓이 더 크다. 인간들의 손이 안 간 들판이나 숲속에도 곤충, 작은 동물이 예전에 비해 훨씬 줄어들었다. 이처럼 자연의 동물이 줄어들어 꽃을 찾는 나비나 꿀벌도 드물어져서 씨앗이나 과일이 여물지를 않는다. 그래서 과수를 재배하는 사람들은 곤충의 대역, 즉 꽃가루를 매개하는 신세로 전락할 수밖에 없게 됐다.

작은 꽃에서 꽃가루를 긁어모아서 그것을 배, 혹은 사과 꽃에 뿌린다는 것은 이만저만한 노력이 아니다. 사실 도시 근처에 있는 배밭에서는 이러한 작업이 상식처럼 되어 있다. 농약의 개발로 살충이나 살균 작업이 손쉬워지기는 했으나 대신 종래에는 안 해도 될 군일거리가 생겼고, 게다가 과일에 묻은 독한 농약은 인체에 해로운 것이어서 과일이 잘 팔리지 않을지도 모른다. 과학 발전으로 오히려 옛날만도 못해진 본보기의 하나라 하겠다.

이 같은 사례는 우리 주변에 얼마든지 깔려 있다. 그러므로 '과학이 발전하기만 하면 인류가 행복해지리라'고 안이하게 생각할 때가 아니다(역자 첨가: 어두운 면을 지워버리는 과학도 병행되어야 할 것이다).

자연의 예술

그럼 식물계에서는 어떤 일들이 어떻게 돌아가고 있는지를 잠깐 들여다보기로 하자. 광합성이라는 화학산업이 순조롭게 돌아가는 동안 식물은 이산화탄소(CO_2)를 흡수하고는 산소(O_2)를 방출한다. 그렇다고 식물이 CO_2 중의 탄소(C)를 유기물 합성에 이용한 다음 나머지 O_2를 밖에다 내버리는 것이 아니다. 이에 관한 이야기는 후에 자세하게 설명할 기회가 있겠으나, 어쨌든 식물은 O_2를 먼저 대기에 내버린 후에 대기 중의 CO_2를 흡수하는 것이다.

그런데 이 막대한 양의 유기물을 만들어 지구의 온갖 생물의 생명을 이어 가게 해 주는 대화학산업, 즉 광합성 과정에서

'혹시나 유독한 가스를 배출하는 것은 아닐까?'

하는 생각은 완전히 기우이다. 이 과정에서 배출되는 것은 O_2와 H_2O이다. 산소는 해로운 것이 아니다. 해롭기는커녕 생물은 이 가스가 없이는 살아가지 못한다. 이 화학산업이 이루어짐으로써 우리 생활은 편해진다.

'식물이 광합성을 할 때 우리가 생존하는 데 필요한 것을 가로채 가는 것은 없는가?'

하나도 없다. 석탄을 가로채는 것도 아니고 땔감인 나무를 주워 때는 것도 아니다. 이들 땔감도 캐고 보면 식물 자신이 만들어 낸 것이다. 식물은 우주 속에서 이글이글 타오르는 태양에너지를 동력으로 해서 기계를 움직여 유기물을 합성한다. 이 과정에서 CO_2를 흡수하고는 공기를 정화한다. 그러므로 광합성이라는 화학산업이 활발히 돌아갈수록 우리의 생활은 풍요롭고 쾌적해진다.

그러고 보면 과학의 극치는 예술적일 수 있지 않겠는가? 공해가 뒤따르는 과학 발전은 진정한 의미에서의 발전이 아니다.

광합성 공장—엽록체

어떤 화학산업이든 우선 공장과 기계가 마련되어야 한다. 이것은 광합성의 경우도 다를 바가 없다. 유기물이 식물의 잎 속에서 불쑥 생겨나는 것이 아니고 특수한 공장(?)이 차려져 있어 그곳에서 당, 녹말 등의 생산물이 만들어진다. 식물 잎의 녹색 부분을 잘라서 그 단면을 현미경으로 보면, 중앙부에 연하게 보이는 한 뭉치의 세포 안에는 녹색을 띤 작은 알갱이들이 우글거린다. 이들이 바로 광합성에서 공장에 해당하는 엽록체이다. 엽록체라는 공장은 보통 5μ(1㎜의 1/200) 정도인데, 이 자그마한 공장들이 우주 정거장처럼 세포 안에 들어 있는 세포질 안에 떠 있다. 이 떠 있는 정거장에는 햇볕이 지나치게 강할 때는 그 방향과 평행하게, 또 햇볕이 아주 약할 때는 그 직각

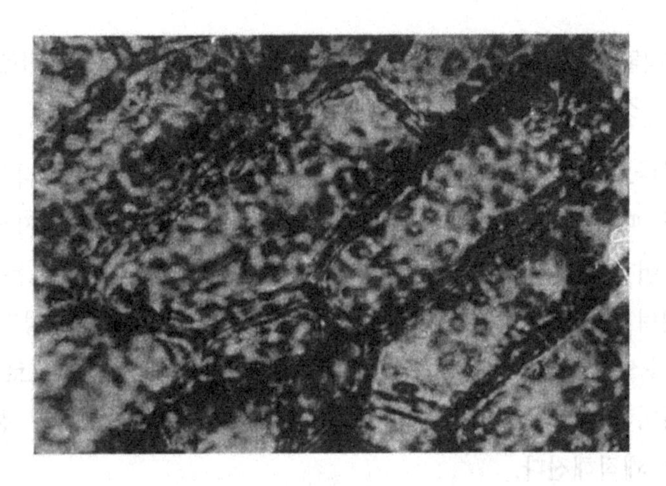

〈그림 4〉 수생조류(말) 세포 중의 엽록체(약 1,600배)

방향으로 늘어서서 항상 알맞은 양의 햇볕을 받게끔 위치를 바꾸는 것도 있다. 그러나 세포 안에서 자유롭게 움직일 만한 기동성은 없다.

한 세포 안에 있는 공장 수는 식물에 따라 다르다. 예컨대 단 하나의 공장만을 가진 것이 있는가 하면 몇만 개의 공장을 가진 세포도 있다. 가령

녹조류 등의 세포 …… 1개

석송류 등의 세포 …… 2개

일반식물 등의 세포 … 5~50개

차축조류 등의 세포 … 3,000~160,000개

물론 세포 안에 있는 공장 수가 많다고 해서 반드시 광합성량이 많은 것은 아니다. 예를 들면 녹조류의 세포 안에는 공장이 하나밖에 없는데, 그 공장의 겉모양은 둥글지 않고 벨트처

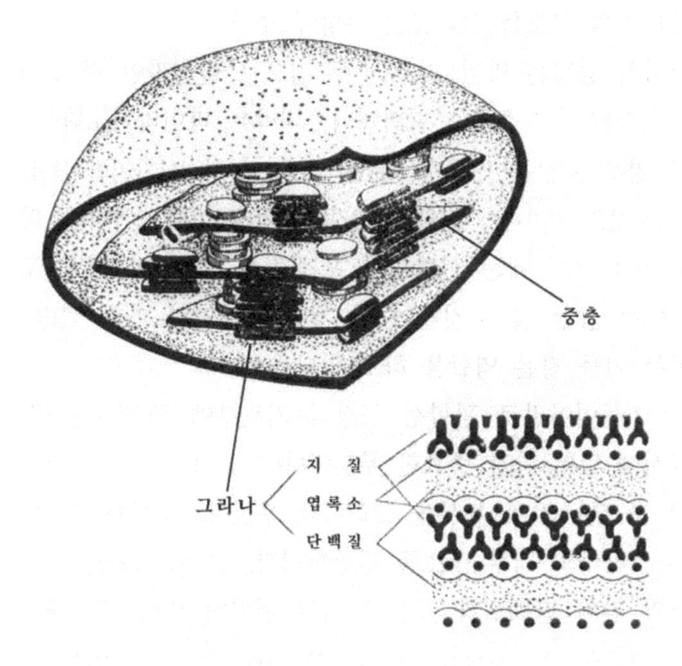

〈그림 5〉 광합성 공장의 엽록체 내부

럼 길쭉한 모양이어서 공장은 비록 한 개뿐이나 그 안에는 기계가 많이 들어 있다. 즉 공장의 규모가 크다. 사실 작은 공장을 여러 개 지니는 것보다는 큰 공장을 하나 지니는 편이 유기물 생산에 있어 능률이 높다. 일반적으로 고등식물보다도 하등인 조류들이 생산량이 큰 공장을 지니고 있다.

이번에는 광합성 공장을 견학해 보자. 견학이라고는 하나, 줄줄이 떼지어 공장 안으로 들어갈 수도 없는 노릇이고 그렇다고 막을 젖히고 들여다볼 수도 없다. 1㎜의 몇백분의 1밖에 안 되는 작은 공장이다. 그래서 공장 전체를 플라스틱 같은 것으로 고정시킨 다음 얇고 작은 조각으로 모두 잘라서, 전자현미경으로 그 안의 구조를 살펴보는 수밖에 없다.

광합성 공장은 막이 최소한 두 겹으로 둘러싸인 것 같다. 그 외막은 세포막만큼이나 딱딱하나, 내막은 막이라기보다는 세포질의 일부분 같은 반투성(半透性: 물은 잘 빠져나가지만 물에 녹아 있는 물질은 빠져나가지 않는 성질)인 막(膜)이다. 이러한 막들로 싸여 있는 내부에는 선반들이 포개져 있으며, 이 선반 조각들 사이에는 동전 같은 것들이 몇 개씩 포개져서 마치 선반을 떠받치는 기둥 같은 역할을 하고 있다.

이 기둥이야말로 광합성 공장의 기관부에 해당되는 곳인데, 광합성에 있어 가장 중요한 부분이다(그림 5).

이 중요한 기계 부분을 그라나라 부른다. 엽록체 안에 들어 있는 그라나의 내부 구조를 편광현미경으로 살펴보면 〈그림 5〉에서와 같이 단백질과 지질이 서로 뒤얽혀 있다. 그리고 이들 속에 엽록소라는 녹색을 띤 색소가 묻혀 있다. 이 엽록소는 광합성의 에너지인 태양광을 받아들이는 구실을 한다. 식물이 녹색으로 보이는 것은 엽세포에 들어 있는 엽록체의 그라나 속에 이 엽록소가 있기 때문이다.

독자적인 엽록체

우주 정거장처럼 세포 안에 떠 있는 엽록체가 어떻게 해서 세포 안에 생겼을까? 세포가 형성된 후에 외부로부터 기어든 것이 아니라면 세포 자신이 만들어 낸 것으로 보는 수밖에 없다. 그런데 엽록체는 그 자체가 분열하면서 증식되어 간다. 바이러스는 생물의 세포 안에서만 증식하는 것인데, 엽록체 또한 세포가 없이는 생겨나지 못한다. 이것은 우리 혈액 중에 있는

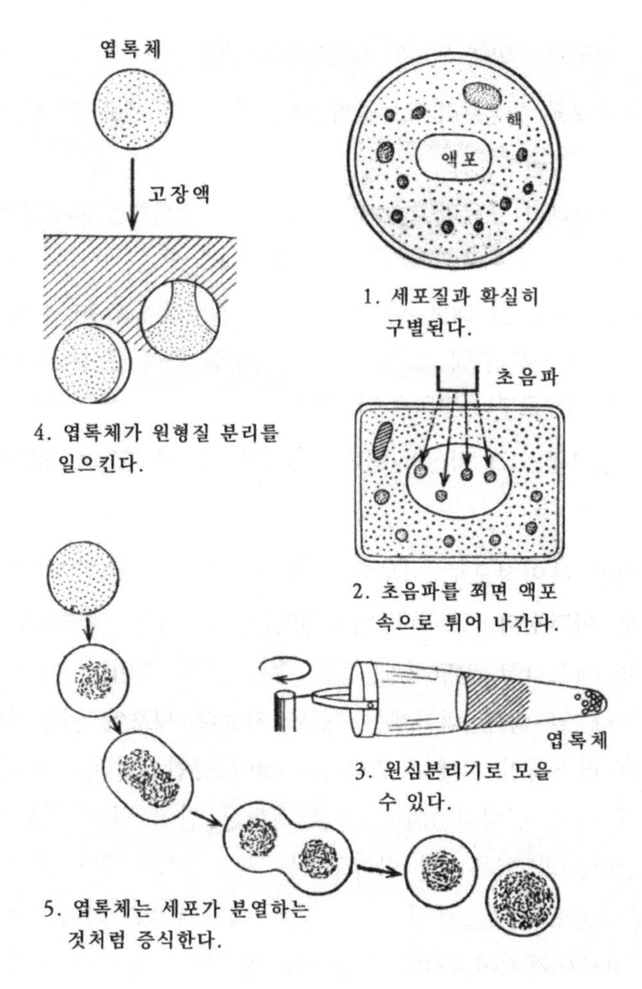

〈그림 6〉 엽록체의 특성

적혈구(赤血球)의 상태와 흡사하다. 엽록체가 세포 안에서 여러 모로 독립적인 생활 양식을 취하고 있다는 것은 다음과 같은 점으로 알 수가 있다.

① 엽록체는 막에 의하여 세포질과 나뉘어 있다.

② 세포를 원심분리기로 돌려 보면 엽록체가 세포 안 한구석에 모여든다.

③ 세포에다 초음파(超音波)를 쬐여 주면 엽록체는 세포질로부터 튀어 나와 액포(液胞) 속으로 들어간다.

④ 엽록체를 그 내부 농도보다 높은 고장액(高張液, 예: 15% 자당액, 蔗糖液) 안에 넣으면 세포의 원형질 분리 현상처럼 내용물이 막으로부터 떨어져 나온다.

⑤ 엽록체는 그 자신이 세포 분열처럼 엽록체 분열을 하면서 증식해 간다.

이러한 특이성으로 미루어 엽록체는 '세포 중의 세포' 같은 것으로 여겨진다. 그러나 엽록체에는 세포질도 세포핵도 없기 때문에 세포라고 당당하게 부를 수는 없을 것이다. 혈액 중의 적혈구나 잎 속의 엽록체는 세포라기보다 세포에 기생해서 사는 바이러스적인 존재로 생각하는 것이 자연스럽다.

후에 다시 설명하겠지만 사실 적혈구 안에 있는 헤모글로빈(색소단백질)과 엽록소의 화학구조는 서로 닮은 데가 많고 이들의 주성분도 세포질이나 핵과 같은 핵단백질로 되어 있다. 좀 거친 표현이겠지만, 만일 적혈구와 엽록체가 세포에 침입해 들어간 바이러스의 변신(變身)이라 가정한다면 "생물에 바이러스가 기생했었기에 오늘과 같은 생물이 되었다"고 볼 수도 있다.

녹색의 피

언젠가 자전거를 타다가 크게 다친 일이 있다. 중학생인 장

남이 제멋대로 자전거를 개조한 줄을 모르고 몰았기 때문이다. 타이어가 몹시 가늘고 더구나 핸들이 물소 뿔처럼 구부러져 불안정해서였다.

어쨌든 살가죽이 벗겨진 팔목에서 시뻘건 피가 흘러나왔다. 이처럼 사람의 혈액이 붉은 것은 적혈구 중에 들어 있는 헤모글로빈의 색소가 붉기 때문이다. 그런데 식물의 잎을 짓이겨 삼베 같은 직물 조각으로 꽉 짜면 녹색을 띤 액체가 나온다. 이것은 엽세포 안에 들어 있는 엽록소가 녹색을 띠고 있기 때문이다.

혈액 속에 들어 있는 헤모글로빈은 특수한 단백질(글로빈)과 색소(헴)가 결합된 것이다. 헤모글로빈을 함유한 적혈구는 혈액 안에 떠 있는 상태로 동물의 몸속을 돌고 있다. 식물의 엽록소는 단백질과 결합해서 엽록체라는 알갱이로 형성되어 있는 점은 적혈구와 같지만, 엽록체는 정해진 세포 안에 갇혀 있을 뿐 식물 체내를 돌아다니지 못한다.

이처럼 장황한 설명을 하지 않아도 '녹색의 피'라 하면 으레 엽록소와 관계가 있으리라는 것쯤은 누구나 알아차릴 것이다. 하지만 막연하게가 아니고 '녹색의 피'라 부르는 데는 그만한 이유가 있다. 그 이유에 대해서는 잘 알려져 있지 않다.

엽록소도 화학물질의 일종이며 그 기본적인 화학구조로는 4개의 피롤이 모여서 일종의 고리를 형성하고 있다. 엽록소라 하면 으레 식물의 푸른 잎 속에만 존재하는 특수한 물질로 생각되나 자연계에는 이 같은 모양을 한 물질이 적지 않다. 이 같은 물질을 통틀어 포르피린 색소라 부른다.

즉 엽록소란 것도 포르피린 색소 중의 하나인데, 이 색소는

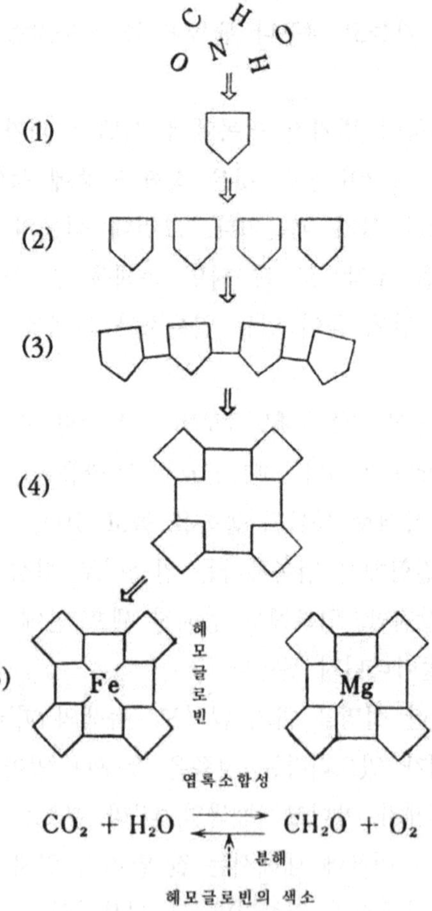

$$CO_2 + H_2O \rightleftharpoons CH_2O + O_2$$

〈그림 7〉 헤모글로빈과 엽록소

비단 식물에만 들어 있는 것이 아니다. 다른 생물체 안에도 있다. 인체 혈액 중에 있는 헤모글로빈 색소도 이 포르피린 색소이다. 뿐만 아니라 동물이나 식물에서 흔히 볼 수 있는 카탈라아제, 페록시다아제 같은 효소의 색소도 알고 보면 이 포르피린 색소인 것이다. 그러니까 엽록소라 해서 어떤 특이한 물질이 아니라는 것이다.

이와 같이 살아 있는 생체 안에는 갖가지 포르피린 색소가 들어 있는데, 그렇다고

'잎에서 엽록소를 추출해 내어 그것을 이용하면 인간도 유기물을 합성할 수 있지 않을까?'

하고 생각한다면 그것은 속단이다. 왜냐하면 잎에 들어 있는 엽록소가 특정한 단백질이나, 그 밖에 지방과 결합하여 그라나라는 기계 안에 제대로 배치되어야만 광합성이 되기 때문이다. "잎에 있는 엽록소를 끄집어내어 시험관 안에서 광합성을 하겠다"는 것은 마치 시계에서 바늘만을 꺼내어 그것을 움직여 보겠다는 이야기와도 같다.

헤모글로빈과 엽록소

앞에서 말한 바와 같이 엽록소나 헤모글로빈 색소는 모두 4개의 피롤 고리가 모여 다시 커다란 고리를 형성하는 복잡한 물질이다. 이렇게 복잡한 물질임을 보면, 물질의 진화 과정에 있어 생체 안에 불쑥 생겨날 리가 없다. 가령 기계를 만들 때 먼저 톱니바퀴를, 그리고 회전축을 만들어서 맞추는 것이 순서이듯이 우선 탄소(C), 수소(H), 산소(O), 질소(N) 등의 원소로부터 오각의 피롤 고리가, 다음에는 이들 4개가 모여 포르피린 고리가 형성된다. 그리고 이 포르피린 고리 안팎에 여러 가지 화학물질이 들러붙어서 갖가지 포르피린 색소가 되는 것이다.

생물계에서 이루어지는 물질 합성도 '간단한 것으로부터 복잡한 것'으로 되어 가는 원칙에는 예외란 것이 없다.

식물의 엽록소와 동물의 헤모글로빈 색소가 이 같은 과정을 거쳐 만들어지는 것이라 하면, 생체 내 어딘가에 고리를 형성하기 바로 직전의 물질, 가령 〈그림 7〉의 (3)과 같은 화학물질이 있어야만 한다. 이 사실을 전제로 해서 생체를 구성하는 물질을 살펴보면 식물에서는 근류 중에 있는 불그스름한 근류색소(根瘤色素)가, 그리고 동물에서는 담즙색소(膽汁色素)라든가 무척추동물의 호흡색소인 클로로크루오린 등이 바로 이에 해당한다.

이러한 관점에서 보면 잎에 있는 엽록소와 핏속에 있는 헤모글로빈 색소는 서로 닮은 데가 많은 물질이다. 그러나 다음과 같이 닮지 않은 면도 있다.

엽록소	헤모글로빈
중심에 마그네슘(Mg)이 있다. 녹색이다. 합성작용에 관여한다.	중심에 철(Fe)이 있다. 적색이다. 분해작용에 관여한다.

같은 포르피린 색소이면서도 한쪽은 마그네슘을 함유하고 있으며 녹색을 띠고, 물질의 합성(광합성, 光合成)에 관여하는데 다른 쪽은 철을 함유하고 있으며 붉은색을 띠고, 물질의 분해(호흡, 呼吸)에 관여한다. 참으로 흥미로운 현상이다.

이 두 가지의 기본형이 거의 비슷한 점으로 미루어

'엽록소는 헤모글로빈 색소로 전환될 수도 있지 않겠는가. 우리가 엽록소를 섭취하면 Mg이 떨어져 나오고 그 대신 Fe가 끼어들어

헤모글로빈이 되어, 따라서 혈액량이 증가된다'

고 생각해서 이상할 것이 없을 것이다.

엽록소의 효용

2차 세계대전이 끝나자마자 미국인 의사가 엽록소를 약간 분해시켜 이것을 쥐에게 먹였더니 그 쥐의 혈액 안에 적혈구가 부쩍 늘더라는 논문을 발표한 적이 있다. 그 후에도 유사한 논문이 몇 편인가 발표되자, 약삭빠른 제조업자들은 앞을 다투어 식품, 약품에다 엽록소를 첨가해서 팔기 시작했다. 일본에서도 '엽록소가 들어 있는 식품과 약품'이 날개 돋친 듯 팔린 적이 있다.

그러나 의사에 따라서는 엽록소가 헤모글로빈으로 전환된다는 생각에 대해 부정적인 견해도 있다. 본디 약품류의 판매량이라든가 그 효과 같은 것은 일종의 분위기를 타는 것이 아닐까. '생물의 근원인 엽록소'라든가 '녹색을 띤 피의 성분'이라 하면 곧 당장에 큰 효과가 나타나는 줄로만 아는 것이 사람의 습성이다. 앞으로도 이런 식의 엽록소가 첨가된 제품이 나돌 가능성이 많다.

그런데 이제까지 누차 설명했듯이 생체는 대단히 복잡한 기계와도 같다. 제대로 돌아가는 기계에다 동일한 부품을 이중으로 겹쳐 달았다고 해서 기계가 두 배로 빨리 도는 것은 아니다. 마찬가지로 생체에 어떤 물질을 많이 먹였다고 해서 성장이 잘되는 것은 아니다.

독일의 리비히는 '최소양분율(最小養分律)'이란 법칙을 제창했다. 즉 식물체에 N, P, Ca, Mg, Fe 등 필수 원소를 공급하면서 재배할 때, 만약 이들 중 단 한 원소라도 빠져 있으면 나머지 원소를 아무리 많이 주어도 식물은 제대로 자라지 못한다는 것이다. 또 인체의 발육에는 당분이 필요하지만 그렇다고 매일같이 사탕만 핥고 있다가는 도리어 건강을 해친다.

그러므로 설사 엽록소가 헤모글로빈 색소로 전환된다고 해도 엽록소를 먹기만 하면 혈액이 증가할 것이라는 단정은 좀 성급한 생각이다. 하지만 엽록소가 헤모글로빈 색소로 전환되지 않는다는 증명도 없으니 엽록소를 먹는다는 것이 완전히 터무니없는 짓은 아닐 수도 있다.

엽록소로부터 Mg를 제거하든가 해서 약간 분해된 형태로 동물에게 먹였다 하자. 만약 그것이 헤모글로빈 색소가 되는 중간물질과 같다고 하면, 동물에게 먹인 것이 헤모글로빈 합성 과정 속에 끼어들지도 모른다. 그러나 이런 경우도 어디까지나 그 동물체 내에 헤모글로빈이 될 물질이 부족했을 때의 이야기다.

현재 '녹색 피'의 이용은 오히려 피와는 동떨어진 면에서 활발하다. 바로 탈취작용이 있다는 것 때문이다. 엽록소를 첨가한 녹색 치약이나 껌 등이 구취(口臭)를 없앤다는 문구를 내걸고 열을 올리고 있는데, 사실 최근에 밝혀진 실험에 의하면 이 탈취효과라는 것도 그렇게 탁월하지는 못하다는 이야기도 있다.

연 같은 구조

엽록소라는 화학물질의 기본 구조가 4개의 피롤로 형성된 고리라는 것은 앞에서 설명한 바 있다. 그러나 피롤에 대해서는 아직 이야기하지 않았다. 피롤이란 것은 C_4H_5N의 화학식으로 표시되는 물질로서 탄소, 수소, 질소 등이 〈그림 8〉에서 보는

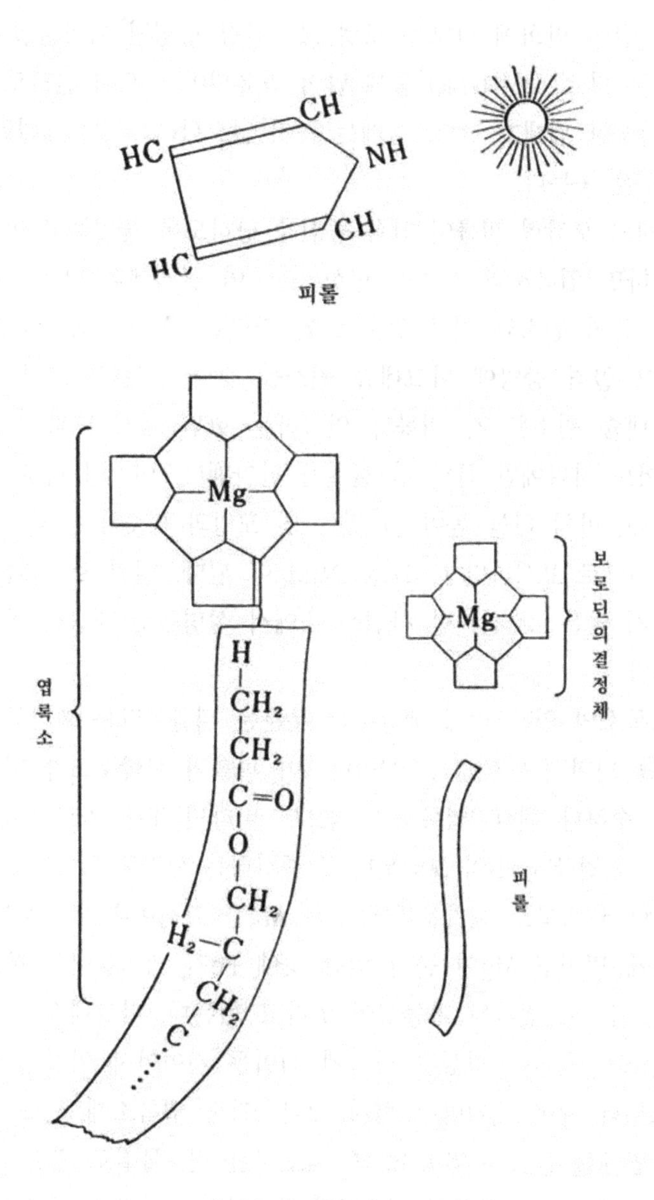

〈그림 8〉 엽록소의 구조

바와 같이 만화에 나오는 로켓 모양처럼 형성된 화학물질이다. 이것은 타르, 골유(骨油) 중에 많이 함유되어 있으며 클로로포름과 비슷한 냄새가 난다. 물에는 녹지 않으나 알코올, 에테르 등에는 잘 녹는다.

4개의 오각형 피롤이 안쪽 중심을 향하도록 늘어놓고 이들을 연결하면 엽록소의 골격이 형성된다. 이 골격에다 탄소, 수소, 산소 등의 원소와 이들 원소로 된 간단한 물질을 첨가하고 다시 그 골격 중앙에 마그네슘 원소를 갖다 놓는다. 그리고 이 마그네슘 원소를 각 피롤과 연결하는 한편, 4개의 피롤 로켓 중 어느 하나에만 특히 긴 물질을 달아맨다. 이것이 바로 엽록소인데, 마치 하늘 높이 떠 있는 연 모양과 비슷하다. 엽록소를 화학식으로 표시하면 $C_{55}H_{72}O_5N_4Mg$이 된다. 얼핏 보기에는 복잡하지 않은 것 같지만 사실은 위에서 설명했듯 대단히 복잡한 것이다.

엽록소의 연 꼬리에 해당하는 부분은 피롤이라는 화학물질로서 그 화학식은 $C_{20}H_{39}OH$이다. 이 피롤의 화학구조가 비타민과 비슷하다 해서 '엽록소를 먹으면 비타민 또는 카로틴(비타민 A가 2개 결합된 것)이 보급된다'고 주장하는 학자도 있다.

앞에서 엽록소 한가운데에 있는 Mg을 끄집어내고 이것을 동물에게 먹이면 Mg이 붙어 있던 곳에 Fe가 끼어들어서 헤모글로빈 색소로 전환될 가능성이 있다고 했는데, 마그네슘은 원래 엽록소의 골격이 형성된 다음에 끼어든 것이어서 이것을 엽록소로부터 떼어 내기란 어렵지 않다. 가령 엽록소에 산을 작용시키면 Mg이 없는 엽록소, 즉 페오피틴이란 물질로 변한다. 이 일종의 엽록소 분해물인 페오피틴에는 아직도 녹색이 남아 있다.

푸른 잎을 잘게 썰어서 알코올에 담가 두면 그 절편 중에 녹색 결정이 생겨난다. 이것은 1882년 러시아(구소련)인 보로딘이 발견했다. 당시에는 엽록소의 결정이 나타났다고 한동안 떠들썩했다. 그러나 얼마 후에 엽록소의 화학구조를 알아낸 공적으로 노벨상을 탄 빌슈테터는 그것은 엽록소의 결정이 아니고 엽록소로부터 피롤 부분이 떨어져 나간, 즉 꼬리를 잃은 연 부분에 해당하는 것이라고 지적했다. 이것을 에틸클로로필라이드라고 한다. 이 아름다운 녹색 결정은 발견자의 이름을 붙여 '보로딘 결정'이라 부른다.

이처럼 엽록소의 정체를 알아내려는 숱한 실험을 하는 동안 엽록소가 불안정한 물질임을 알게 되었다. 식물 잎이 특유한 녹색을 오랫동안 간직하기가 어려운 것은 이 때문이다.

광합성의 주역은 a와 b

엽록소에는 a, b의 두 종류 외에도 c, d, e 등 도합 10가지 종류가 있다. 이를테면 엽록소 c는 같은 갈조류(褐藻類)나 규조류(硅藻類) 등에, 또 엽록소 d는 홍조류(紅藻類)에, 그리고 엽록소 e는 부등모조류(不等毛藻類) 등에 들어 있다.

그러나 어떤 식물이든 엽록소 a가 반드시 들어 있는 점으로 보아 10종류의 엽록소 중에서 가장 중요한 것은 a로 생각된다. 일반 육상식물에는 엽록소 a와 엽록소 b가 들어 있는데 a는 b가 환원된 것이고, b는 a가 산화된 것이다. 그리고 이들의 화학식은 다음과 같다.

엽록소 a: $C_{55}H_{72}O_5N_4Mg$

엽록소 b: $C_{55}H_{70}O_6N_4Mg$

육상식물에 있어 a와 b의 차는 약 3:1로서 a가 더 많다. 예를 들어 말오줌나무(접골목, 接骨木)의 잎에서는 a/b가 2.8, 그리고 포플러 잎의 a/b는 3.5이다. 그런데 해조류의 엽록소는 위에서 설명한 것처럼 다양하다. a/b가 1의 비율로 되어 있는 것이 있는가 하면, a만 있고 b가 전혀 없는 것도 있다. 그러므로 b 이하의 엽록소는 광합성에 있어서 꼭 필요한 것이 아닌 것 같다.

한편 어린 귀리에 빛을 쬐여 주면 엽록소 a가 먼저 나타나기는 하나 거의 광합성을 못 한다. 그 후 엽록소 b가 생겨나기 시작해야 비로소, 그것도 갑자기 광합성이 진행된다. 그러므로 엽록소 b는 광합성에 있어 보조적 역할을 하는 것으로 해석된다.

3장
광합성의 동력

광화학 스모그

몇 해 전 일이다. '지금쯤 생화학 실험이 시작됐겠지' 하고 생각하면서도 이상할 만큼 별로 뒷일에 대한 걱정이 안 된다. 싸늘한 잔디 위에 앉아 하늘을 쳐다보니 흰 구름이 움직이지를 않고 제자리에 떠 있다. 경마(競馬)가 없는 날이라서 그런지 이 경마장은 마치 공동묘지처럼 한적하다. 이렇게 한적한 곳인 줄을 예전에는 몰랐다.

지난밤 슬롯머신 놀이로 돈을 다 잃고 나니 그의 주머니 안에는 10원짜리 동전 2개뿐이다. 학교로 갈 수도 없고 그렇다고 하숙집에서 책 읽을 생각도 들지 않아 별생각 없이 근처 경마장으로 발길을 돌렸다. 잔디밭에 앉아 보기도 하고 또 누워서 허공을 쳐다보기도 하면서 시간을 보내다가 가방 속에서 신문을 꺼내어 훑어보았다. 그는 벌떡 일어나 "아니…" 하고 발작적으로 외쳤다.

'광화학(光化學) 스모그', '자동차의 배기가스', '옥시던트(산화체, 酸化體)' 등의 글자들이 눈에 띄지 않는가. 바로 이틀 전 그가 세미나 때 이야기한 논문 내용을 누군가 신문사에 보낸 것이 아닌가 하고 신경이 곤두섰다.

그가 세미나에서 소개한 논문은 지난해 『환경과학(環境科學)과 그 기술(技術)』이라는 미국 잡지에 실린, 로스앤젤레스 상공에 생겨나는 옥시던트에 관한 보고 내용이었다. 광산화(光酸化)라든가 옥시던트란 용어에 익숙지가 않아 억지로 고비를 넘기기는 했으나, 그의 동급생들은 누구 하나 관심이 있어 보이지 않았다. 사실 그 자신조차도 '별난 공해도 다 있구나' 하는 여운뿐이었다.

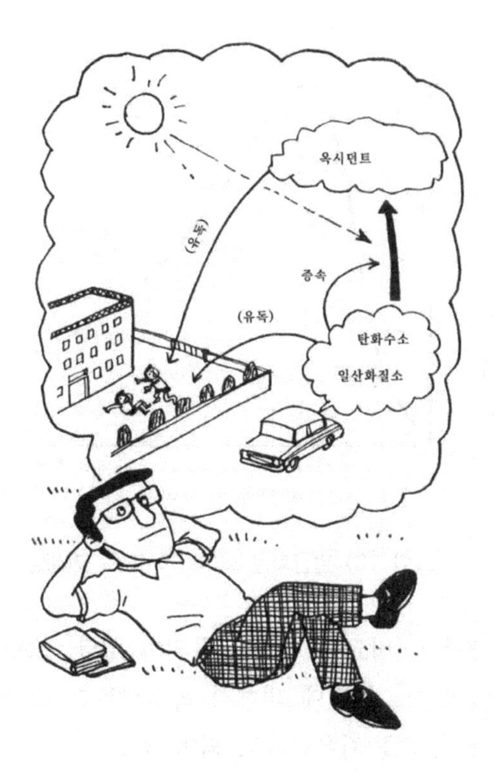

〈그림 9〉 빛으로 생겨나는 옥시던트

빛이 독성물질을

"… 로스앤젤레스에는 '스모그일(日)'이라는 날이 있다. 이러한 날의 공기 중에는 탄화수소의 양이 3~8ppm, 질소화합물의 양이(주로 산화질소, 酸化窒素) 0.3~0.6ppm이나 되며, 시야는 3마일 이하, 그리고 상대습도는 60% … 거리를 걷고 있노라면 눈이 따끔따끔해진다. … 자동차, 공장에서 내뿜는 탄화수소는 태양의 자외선을 받아, 오존 포름알데히드, 페록시아세틸 나이트레이트, 아세톤 등 독성인 옥시던트(본래는 산화물의 뜻)를 발생케 한다. …"

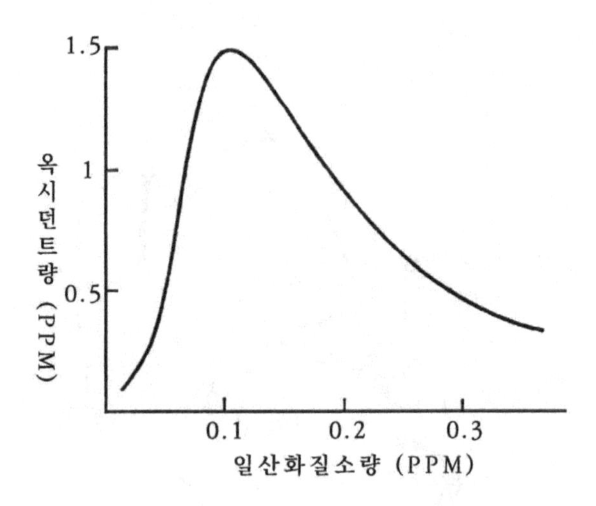

〈그림 10〉 일산화질소량과 옥시던트 발생량

는 신문 기사였다. 비교적 해설이 잘되어 있다. 그런데 그가 읽은 논문은 탄화수소가 빛에 의해서 옥시던트가 될 때 일산화질소가 그 발생 속도를 좌우한다고 되어 있었다.

"공기 중의 탄화산소는 일산화질소가 공존하고 있지 않은 한, 자외선을 쬐여 주어도 독물인 옥시던트가 생겨나지 않는다. 그러나 일산화질소의 양을 점차 증가시켜 가면 옥시던트도 이에 따라 차츰 증가되어 간다.

일산화질소의 양이 0.1ppm일 때 옥시던트의 발생량이 가장 많다가 그 후로는 일산화질소량이 증가되면 오히려 그 발생량이 감소된다(그림 10)."

그는 세미나 때 나왔던 질문이 떠오른다. "그럼 공기 중에 일산화질소의 양을 증가시켜 주면 공해가 안 생긴단 말인가?"

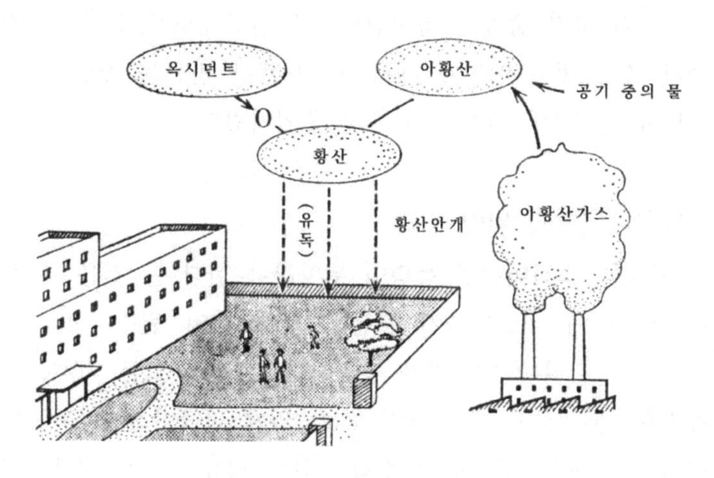

〈그림 11〉 도시의 삼중고

하는 질문에 대해서는 지도교수가 "일산화질소 그 자체가 생물에 강한 독성물이므로 그렇게 될 수는 없을 게다" 하면서 자신이 해야 할 답변을 가로챘다.

게다가 신문에는 그가 읽은 논문에서 언급되지 않은 것에 대해서도 자세하게 실려 있다. 이를테면 황산안개에 대해서는 다음과 같이 다루고 있다. 빛의 작용으로 생겨난 옥시던트는, 아황산가스가 수분과 작용해서 형성된 아황산과 함께 극약인 황산을 만든다는 것이다. 이것이 안개처럼, 즉 황산안개가 되어 지상에 쏟아진다는 것이다. 그러니까 큰 도시에 사는 사람들은 일산화질소, 옥시던트, 황산안개 등 이중 삼중으로 곤욕을 겪는 셈이다.

그는 당장에 대학으로 달려가고 싶은 충동을 느꼈다. 그러나 '조금이라도 복잡한 거리의 공기를 덜 마시는 것이 좋겠다' 싶어 다시 잔디밭에 누웠다. 경마장의 상공은 티끌 하나 없이 맑다. 이런 공기 중에는 옥시던트도 황산안개도 없겠지. '그건 그렇다 치고 빛은 어떻게 해서 옥시던트를 만드는 것일까?' 그는 햇볕에 손바닥을 쪼이면서 혼자 중얼거렸다.

태양에너지의 위력

"기계를 움직이려면 동력이 뒤따라야 한다"는 것은 족집게부터 우주선에 이르기까지 모든 기계에 있어 원칙이다. 그리고 동력을 얻으려면 에너지가 필요하다. 그래서 모든 기계는 어떤 방법으로든 에너지를 받아들일 수 있게 만들어졌다. 인류는 여태껏 지렛대, 태엽이나 용수철, 석탄, 석유, 전기, 원자력 등으로부터 나오는 에너지를 이용해 왔다. 그러나 최근 태양전지, 태양로 등 태양에너지를 직접 이용하는 기계가 등장하기 시작했다.

예컨대 미국의 인공위성, 달로켓에는 태양전지가 이용되었고 또 실험적으로는 태양에너지로 움직이는 여러 가지 기계의 시제품(試製品)들이 나와 있다. 머지않아 공장에서 쓰는 동력을 비롯해서 가정의 냉난방, 취사 기구, 세탁기 등에도 태양에너지가 이용될 것이다.

그런데 식물들은 수십억 년 전부터 태양에너지를 이용하는 화학산업, 즉 광합성을 하고 있다.

태양의 직경은 지구의 100배가 넘고 그 표면 온도는 6,000℃나 되어 우주에 쏟아지는 에너지량은 막대하지만, 지구로 들어오는 양은 불과 22억분의 1 정도다. 하지만 이 22억분의 1밖에 안 되는 에너지를 우리가 지구에서 발생시키려면 1초 동안에 4억 5백만 톤의 석탄을 태워야 한다. 태양에너지량이 얼

〈그림 12〉 태양에너지

마나 많은가를 가히 짐작할 만하다.

태양이 이처럼 지구에 방대한 에너지를 계속 퍼붓고 있건만 인류는 아직도 이것을 동력으로 이용하지 못하고 있다. 만약 이것을 제대로 활용할 수만 있다면 지중해 수면에 쏟아지는 태양에너지량만으로도 온 세계에서 쓰이는 동력을 충당할 수가 있다. 그렇게 되면 석탄도, 석유도, 그리고 원자력도 필요하지 않다.

물론 이 말은 숫자상의 이야기이고, 언제 그런 시대가 될지 예측조차 할 수 없다. 오로지 인간의 능력과 의지에 달려 있는

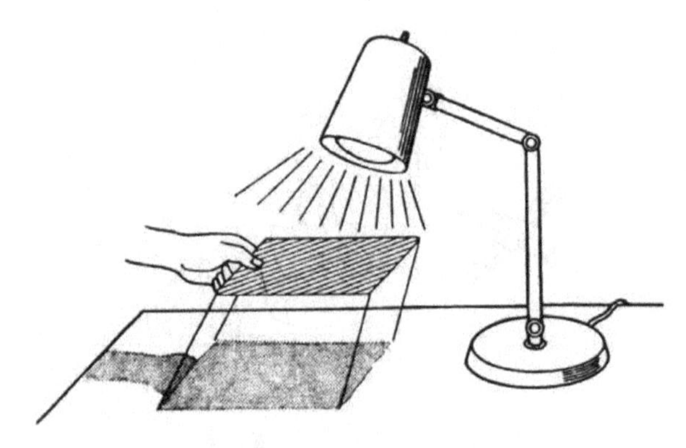

〈그림 13〉 빛의 흡수

문제다. 하지만 우리가 현재 태양에너지 시대에 돌입하고 있는 것만은 사실이다.

태양에너지를 충분히 이용하려면 그것을 놓치지 않는 뛰어난 포수가 필요하다. 없다면 길러서라도 만들어야 한다. 야구의 경우도 그렇지만 포수는 잘 받아 내야 하고, 또 그 후의 처리까지도 멋지게 해내야 한다.

엽록소라는 포수

식물계에서 태양에너지의 포수는 엽록체에 들어 있는 엽록소이다. 식물은 엽록소를 이용하여 태양에너지를 흡수한 다음 이를 화학에너지(칼로리)로 바꾸어서 광합성을 하는 기계를 돌리고 있다. 광합성 과정에 대해서는 후에 다루기로 하고, 먼저 태양에너지의 포수, 즉 엽록소가 태양에너지를 어떻게 멋들어지게 잡는가를 알아보기로 한다. 식물이 흡수하는 에너지는 태양광, 즉 복사(輻射)에너지이다.

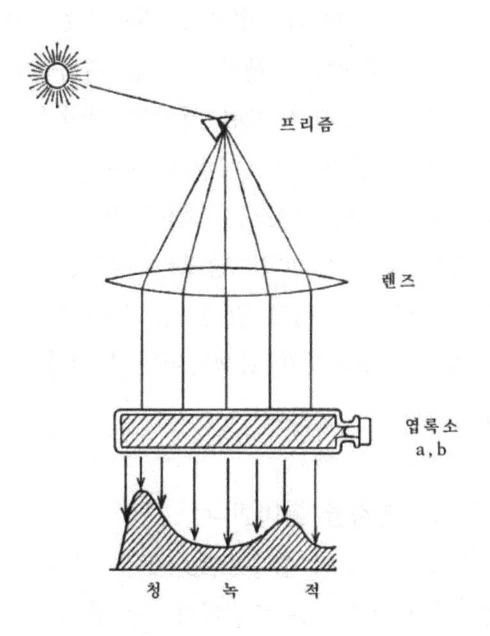

〈그림 14〉 흡수 스펙트럼 곡선

어떤 물체가 빛을 잡아들이는지 아닌지를 알아보려면, 빛을 그 물체에 쬐였을 때 그 빛이 투과하는지 안 하는지를 살펴보면 된다. 가령 전기스탠드의 전구 바로 밑에다 검은 책받침 같은 것을 바싹 대 놓으면 그 밑은 어두워진다. 이것은 책받침이 빛을 전부 잡아 버리고는 투과시키지 않기 때문이다. 그러나 투명한 것으로 가리면 어두워지지 않는다. 즉 투명체는 빛을 전혀 잡지 못하고 그냥 투과시켜 버리기 때문이다. 또 붉은색 책받침으로 가리면 그 밑에 있는 물체가 붉게 보인다. 이것은 그 책받침이 적색광만 투과시키고 다른 색의 빛들을 전부 잡아 버리기 때문이다.

생물학 실험에서 빛의 흡수를 조사할 때는 우선 태양광을 프리즘을 통해 여러 가지 색깔의 빛으로 분광(分光)시켜 놓고, 렌즈로 이 분광들이 평행하게 진행하도록 한 다음 이 광속(光束)을 물체에 쬐여 본다. 그래서 어떤 색깔의 빛이 어느 정도 그 물체를 투과하는가를 알아본다. 이렇게 해서 여러 가지 색의 액체를 조사해 보면, 붉은 잉크는 적색광만 투과시키고 다른 빛깔의 빛은 흡수한다. 또 파란 잉크는 청색광만 투과시키고 그 밖의 빛은 흡수한다. 그리고 엽록소를 녹인 녹색 액의 경우 청색광과 적색광은 흡수하지만 황색광이나 녹색광은 거의 투과시킨다(그림 14).

엽록소는 파랑과 빨강을 좋아한다

이와 같은 방법으로 빛의 흡수도(吸收度)를 살펴서 그것을 그래프로 표시한 것이 흡수 스펙트럼이다. 잎 안에 들어 있는 엽록소를 엽록소 a와 엽록소 b로 분리해서 따로따로 흡수 스펙트럼을 조사해 보면 모두 크고 작은 7개의 피크(산)가 나타난다. 이들 피크는 엽록소가 그 파장의 빛을 그만큼 흡수했다는 것이므로, 엽록소는 a, b 모두 주로 청색광과 적색광을 흡수하고 동시에 다른 빛깔의 빛도 조금씩 흡수한다는 뜻이다(그림 15).

또 이 흡수 스펙트럼 곡선은 a의 피크와 b의 피크가 조금씩 어긋나 있다. 이것은 엽록소 a와 엽록소 b가 흡수하는 빛의 파장은 거의 비슷하나, 이들은 파장이 약간 다른 빛도 흡수한다는 뜻이다. 즉 a가 흡수하지 못하는 빛을 b가 흡수하고, b가 흡수하지 못하는 빛을 a가 흡수함으로써 식물은 광범위한 파장의 빛을 흡수한다.

엽록소라는 포수는 청색광과 적색광은 잘 잡지만, 황색광과

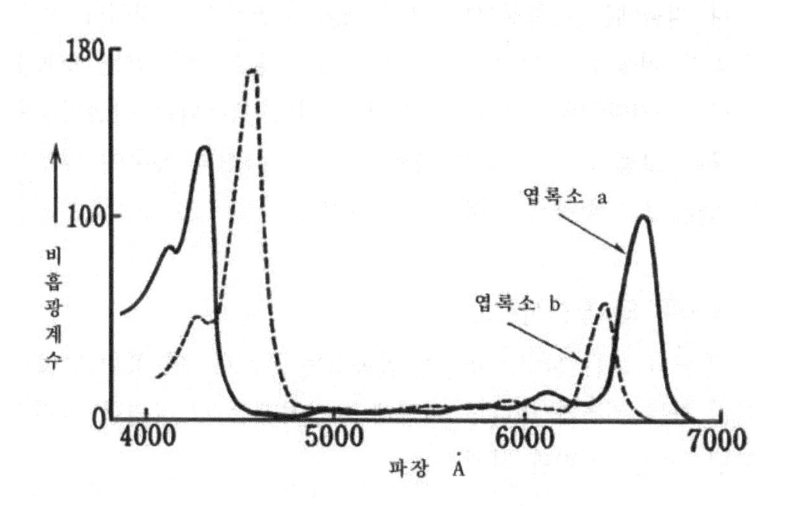

〈그림 15〉 엽록소의 흡수 스펙트럼 곡선

녹색광은 잘 놓친다. 이것은 야구에서 포수가 '직구와 슬라이더는 잘 잡는데 커브는 때때로 놓친다'는 것 같은 개인의 특징과는 다른 것이다. 즉 어떤 식물의 엽록소이든 빛의 스펙트럼을 흡수하는 패턴이 똑같다는 것이다.

엽록소의 흡수 스펙트럼 곡선에서 계곡에 해당되는 부분은 그 파장의 빛이 흡수되지 않는다는 것을 의미한다. 따라서 적외선은 엽록소에 잡히지 않고 그냥 빠져나간다는 것을 알 수 있다. 적외선은 눈에 보이지 않는 장파장의 열선(熱線)인데, 만약 이것이 엽록소에게 잡힌다면 식물은 여름철 양철 지붕처럼 뜨거워져 견뎌 내지를 못한다.

적외선 부분이 계곡으로 나타나는 것, 즉 잡히지 않고 빠져나간다는 것은 식물에 있어 이처럼 큰 의미가 있는데 한대(寒帶)에 있는 침엽수의 잎은 이 적외선을 어느 정도 흡수한다. 더구나 겨울에는 여름철보다 그 능력이 활발하다는 것이다. 마치 우리가 겨울에 적외선 전기 히터 앞에 둘러앉아 있는 것과도 같다. 하지만 받아들이는 양식이 우리의 경우와는 다르다. 즉 식물은 그렇게 흔한 태양 적외선조차도 자신의 체온에 맞추어 가면서 그 흡수량을 조절한다는 것이다.

식물은 왜 푸를까?

'동물의 피는 붉고, 식물의 엽록소는 푸르다. 이 표현은 옳은가?' 하는 퀴즈가 있다면 어떻게 대답하겠는가? 유명한 아리스토텔레스는 2300년 전에

"따스한 동물의 피는 붉지만 냉랭한 동물의 피는 파랗다"

고 주장한 적이 있다.

일반 동물의 혈액 중에는 헤모글로빈이 들어 있으나 문어나 오징어의 혈액 중에는 헤모사이아닌이라는 물질이 들어 있다. 이 헤모사이아닌은 헤모글로빈과 화학구조가 서로 비슷한 점이 많다. 헤모글로빈 색소의 중심이 철(Fe)로 되어 있는 데 비해 헤모사이아닌 색소는 구리(Cu)를 가진 파란색의 색소이다. 그래서 문어나 오징어의 피는 파랗다.

또 낚시 미끼로 쓰이는 갯지렁이(다모류, 多毛類) 중 어떤 종류의 혈액은 녹색을 띠고 있다. 이것은 갯지렁이의 혈액 중에는 헤모글로빈보다 철(Fe)이 더 많은 클로로크루오린이라는 녹색의 색소를 가진 물질이 들어 있기 때문이다. 이 녹색의 피는 130년 전 에드워드에 의해서 발견되었다.

이와 같이 동물에 따라서는 그 혈액의 빛깔이 다르다. 그러

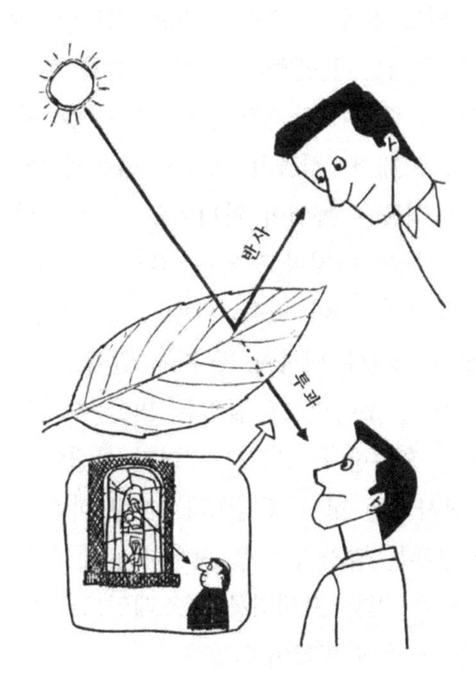

〈그림 16〉 반사광과 투과광

므로 '사람의 피는 왜 붉은가?' 하고 생각한다 해서 이상할 것은 없다. 사실 '사람의 피가 왜 붉은 빛깔이어야 하나?'라는 질문에 선뜻 대답하기란 쉽지 않다.

'그야 헤모글로빈의 색소가 붉으니까' 하고 쏘아붙인다 해서 그 질문에 대한 완벽한 대답이 되지는 않는다. 우리의 붉은 피는 치통과 같은 일종의 '경고' 역할을 하기는 한다. 하지만 그것은 상처를 입으면 반드시 붉은 피가 나오기 때문에 피의 빛깔을 보고 놀라곤 했던 잠재의식으로 생각된다. 물론 이것도 피의 빛깔이 붉어야만 하는 이유의 설명이 될 수는 없다.

한편 식물의 잎도 모두 녹색인 것만은 아니다. 분홍 떡갈나무의 잎은 이른 봄에는 선혈(鮮血) 같은 빛깔을 띠며, 바닷속에서 사는 해조(海藻) 중 우뭇가사리 등은 분홍색을 띠고 있는 것들이 적지 않다. 그래서 '식물의 조상은 붉은색이었다'는 주장도 있다. 이처럼 식물은 녹색이 아니어도 나고 자란다. 하지만 대다수의 식물이 녹색을 지니고 있는 점으로 보아 적색보다는 녹색이 어딘가 유리한 점이 있을 것이다. 그 이유를 알아보기 전에 먼저 물질의 빛깔에 대하여 몇 가지 알아보고 넘어가자.

어떤 물질에 빛이 쪼이면 그 물질은 빛을 투과시키거나, 반사시키거나, 또는 흡수한다. 그러므로 어떤 물질이 지니는 빛깔은 그 물질이 반사하는 빛의 빛깔이다. 가령 파란 연필은 파란색 빛을, 빨간 구두는 빨간색 빛을 반사하는 것이다. 그러나 교회에서 흔히 볼 수 있는 오색영롱한 스테인드글라스의 빛깔은 반사광이 아니고 투과된 빛깔이다.

식물 잎에 태양광이 부딪치면 잎은 파란색과 빨간색 빛을 흡수하고는 노란색과 녹색 빛은 반사 또는 투과시킨다. 이때 반사되는 노란색 또는 녹색 빛이 우리 눈에 들어오기 때문에 식물은 녹색으로 보인다. 그리고 강한 햇볕을 잎으로 가리고 그 뒷면에서 보았을 때 희미하게 보이는 녹색은 잎을 투과한 녹색 빛이다.

식물이 붉은색이라면

광합성에는 어떤 빛깔의 빛이 이용되는가? 그것은 푸른 잎이 반사나 투과를 시키지 않고 흡수하는 빛, 즉 빨간색과 파란색의 빛이다. 그런데 '식물이 붉은색이라면' 어떨까?

식물 잎이 붉은빛을 띠고 있을 때는 흡수하는 빛의 종류가 녹색의 경우와는 다르다. 즉 붉은 잎에 햇볕이 쪼이면 붉은색의 빛을 반사, 또는 투과시킨다. 따라서 이 식물은 흡수할 수 있는 청색이나 녹색 빛을 이용하여 광합성을 해야 한다. 그런데 후에 설명하듯이 광합성 능률은 청색보다도 적색 빛이 높다. 그러므로 식물 잎이 붉으면 광합성의 생산 능력이 떨어져서 녹색식물에 비해 생장이 더디고 번식력도 부진하다. 하지만 잎 빛깔이 사람의 피처럼 붉다고 해서 식물이 전혀 생육을 못하는 것은 아니다.

그럼 식물이 모두 붉은색을 띠고 있으면 동물에게 어떤 불편이 있을까? 우리가 살아가는 데 별로 불편은 없을 것이다. 식물이 붉다고 해서 회사의 운영이 안 될 리도 없고 전염병이 돌리도 없다. 불편한 점이 있다면 '분위기가 차분해지지 않는다'는 감각적인 문제는 있겠지만 이것도 익숙해지면 그만이다. 도시 사람은 하루 종일 식물 구경을 한 번도 못 하면서 일하는 경우가 많다.

그보다는 붉은색과 검은색을 구별하지 못하는 곤충들이 곤란을 겪을 것이다. 만약 식물 잎이 붉은빛을 띠고 있으면 곤충들은 검은색과 구별이 되지 않아 꽃가루나 꿀이 있는 꽃을 찾느라 고생을 하게 될 것이다. 그러나 곤충은 우리가 볼 수 없는 자외선을 판별할 수 있으므로 별로 불편을 느끼지 않을지도 모른다. 설사 빨강과 검정이 비슷하게 보인다 해도 그들의 후예들이 절멸할 정도로 그렇게 못 견딜 형편은 아닐 것이다. 그저 불그스름한 꽃에 날아드는 곤충이 줄어들면 특히 과일 같은 열매의 결실이 잘 되지 않아 간접적으로 우리 생활에 어떤 영향이 나타날 가능성은 있을 법하다.

이러한 관점에서 보면 육상식물에 관한 한, 반드시 녹색이어야만 할 결정적인 이유는 없겠지만 그래도 붉은색보다는 녹색이 유리한 것만은 분명하다.

파란 바다와 붉은 풀

그런데 바닷속에 있는 식물은 사정이 다르다. 앞에서 이야기했듯이 해조류(海藻類) 중에는 녹색 말고도 여러 가지 색깔의 식물이 많다. 엥겔만은

> "육상식물은 거의가 녹색인데, 해조류에는 왜 홍색이나 갈색을 띤 것들이 많을까?"

하고 곰곰이 생각한 끝에 바다 깊이와 식물 분포의 관계를 조사해 보았다. 그가 조사한 바에 의하면 비교적 얕은 바다에는 파래 같은 녹조류가 많고, 좀 깊은 곳에는 미역 같은 홍조류 또는 갈조류가 많고, 더 깊은 곳에는 녹미채(鹿尾菜) 같은 흑갈색의 해조가 많았다.

그는 또 바닷속 깊이 들어갈수록 파래지는 것으로 미루어 바닷속의 빛깔과 식물의 색 사이에는 특정한 관계가 있을 것으로 생각했다. 바닷속이 파르스름한 색으로 나타나는 것을 컬러 사진 또는 영화에서 흔히 보는데, 이것은 태양광이 바닷속을 뚫고 들어가는 동안 파장이 긴 적색광이 먼저 흡수되어 버리고 청색광이 남아 있기 때문이다. 그러나 이 청색광도 더 깊이, 약 200m쯤까지 들어가면 그동안 모두 물에 흡수되어 버린다. 심해어(深海魚)라는 것은 있어도 심해초(深海草)가 없는 것은 이 때

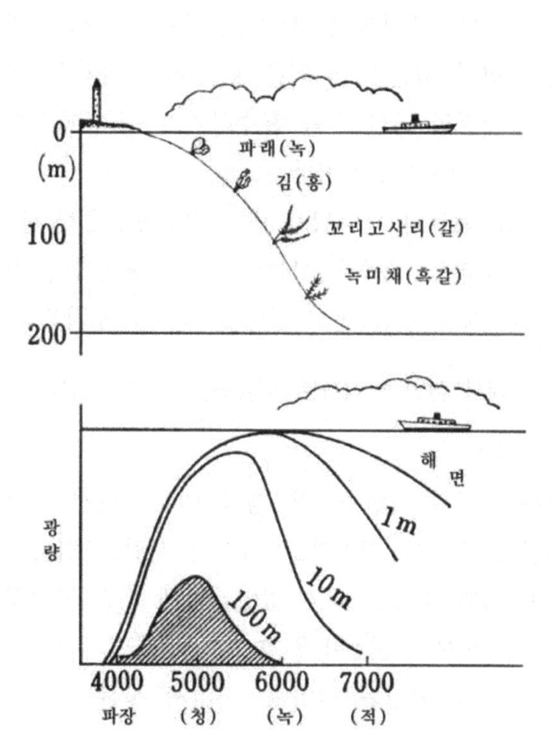

〈그림 17〉 바닷속의 빛과 해초의 색

문이다.

엥겔만은 "해조(海藻)는 자신에게 주어진 빛에 대해서 보색(補色)을 띠게 된다"고, 즉 육상식물처럼 칠색 빛을 받는 얕은 바닷속의 해조는 일반 식물과 같은 녹색을 띠고 있지만 바닷속 깊은 곳에 사는 해조는 청색광을 집중적으로 흡수하게 되어 불그스름한 색을 띠게 되었을 것이라 생각했다. 이를 엥겔만의 **보색적응설**(補色適應說)이라 한다.

이 보색적응설이 어느 해조에나 어김없이 잘 들어맞는 것은 아니다. 가령 깊은 해저에 살고 있는 것은 흑갈색에 가까운 빛깔을 띠는 경향이 있는데, 이것은 보색이라기보다는 어두운 색을 지닐수록 해저의 약한 빛을 흡수하기가 쉽기 때문이 아닐까 하고 생각하는 것이 현실적이다.

지구는 지금 백색의 태양광을 받고 있지만, 2억 년 전 옛날 태고 적에는 두터운 구름과 이산화탄소로 둘러싸여 있어서 항상 저녁놀처럼 붉은 빛을 받고 있었을 것으로 생각된다. 그래서

'붉은빛 속에서 살았던 식물은 지금과는 다른 색깔을 띠었을 것이다'

라는 추리는 지극히 자연스러운 생각이다. 앞에서 말한 것처럼 태고의 식물이 붉었을 것이라고 생각한 사람도 있다. 물론 태고의 식물이 어떤 빛깔을 띠고 있었는지에 대한 결정적인 증거는 없다. 만일 식물이 붉은빛을 띠고 있었다면 붉은색 빛은 반사와 함께 투과가 되었을 것이고, 따라서 붉은색 빛을 흡수하지 못하면 식물은 광합성을 제대로 하지 못할 것이므로 목적에 맞게 생각한다면 적색광을 흡수하기 위해서

'태고의 식물은 현재보다도 더 짙은 푸른색을 띠고 있었다'

고 생각해 볼 만도 하다. 그러나 엽록소의 구조가 혈액의 헤모글로빈과 비슷하다는 점, 또 생체색소의 진화 과정에 있어 식물이 엽록소를 지니게 되는 바로 전 단계에서 붉은 빛깔의 색소를 지녔을 수도 있을 것이므로, 이런 뜻에서 "태고의 식물은 붉은색이었다"고 전제한다면 "붉은색을 띤 태고의 식물은 태양의 적색광을 유효하게 이용하기 위해서 청색으로 변할 필요성이 있었다"고 생각할 수도 있지 않을까?

과학자의 소질?

이제까지의 내용을 읽고

'엽록소가 빛을 흡수한다는 것까지는 이해가 가는데, 그렇다고 그 빛이 광합성에 반드시 이용된다고는 볼 수 없지 않겠는가?'

라고 생각하는 독자가 있다면 그는 과학자의 소질이 있다.

녹색 엽록소가 청색과 적색의 빛을 흡수하는 것은 사실이다. 그런데 엽록소가 아니더라도 녹색 종이나 푸른 잉크도 빛을 흡수한다. 시커먼 유리나 장수풍뎅이, 개미는 식물보다도 더 많은 빛을 흡수한다. 또 세포 속에 색깔이 있는 결정이나 기름방울 같은 것들도 빛을 흡수한다. 그러므로 엽록소가 어떤 파장의 빛을 얼마만큼 흡수하는가를 아무리 자세하게 조사해 보아도 엽록소와 광합성의 관계를 알아낼 수 없다.

식물이 광합성을 할 때는

① 탄소화합물이 생겨난다.

② 이산화탄소가 흡수된다.

③ 산소가 방출된다.

따라서 광합성을 하고 있는지 아닌지를 알려면 위의 세 가지 중 어느 하나를 알아보면 되는데, 가장 손쉬운 방법은 산소의 배출 여부를 알아보는 것이다. 그런데 산소는 빛깔이 없는 것이어서 육안으로 직접 볼 수는 없다. 여기서 독자에게

"'세포가 산소를 방출하는지'의 여부를 알아보려면 어떤 방법이 있겠는가?" 하고 묻는다면 어떻게 대답하겠는가?

과학자들이 이 문제를 다루기 시작한 것은 1850년경인데 당

시에는 식물의 광합성은 물론 호흡에 대한 설명이 확립되어 있지 않았다. 그때의 학생들은 강의 내용도 그랬고 또 화학 실험도 해 본 적이 없었을 것이다. 옛날은 그렇다 치고 독자들은

'학교 때 식물학을 배우지 않았기 때문에…'

하고 발뺌을 해서는 안 된다. 이 문제는 오히려 중학교 과학에서 광합성에 대한 강의를 한 번쯤 들어 본, 그리고 생물학 책을 별로 읽어 보지 않은 독자에게 적합한 문제다.

직접 볼 수 있는 광합성

밑동이 잘린 검정말 같은 물풀을 물이 들어 있는 수조에 거꾸로 집어넣고, 물풀의 잘린 부분을 기체 포집관에 연결시켜서 햇볕에 쪼이면 그 잘린 곳에서 산소의 기포가 나오는 그림을 과학책에서 적어도 한 번쯤은 보았을 것이다. 그런데 우리의 관심은 식물 전체로부터 나오는 산소가 아니라 단세포로부터 나오는 산소에 있다. 하지만 이러한 미량의 산소는 물에 녹아 버리므로 기포가 되지 않아 관찰을 할 수 없다.

1882년 독일의 엥겔만은 세포에서 나오는 산소를 다음과 같은 방법으로 알아냈다. 박테리아 중에는 산소가 있는 곳을 좋아하는 것(호기성 박테리아)과 산소가 있는 곳을 싫어하는 것(혐기성 박테리아)이 있는데 호기성 박테리아는 산소가 있는 곳을 찾아 모여든다. 그래서 엥겔만은 논 또는 늪 같은 곳에 나는 담수조(淡水藻)의 일종인 해캄을 호기성 박테리아가 있는 물 안에 넣고 이것에 햇볕을 쬐이면서 현미경으로 관찰해 보았다. 그랬더니 박테리아가 해캄 주위에 잔뜩 모여들더라는 것이다. 이것

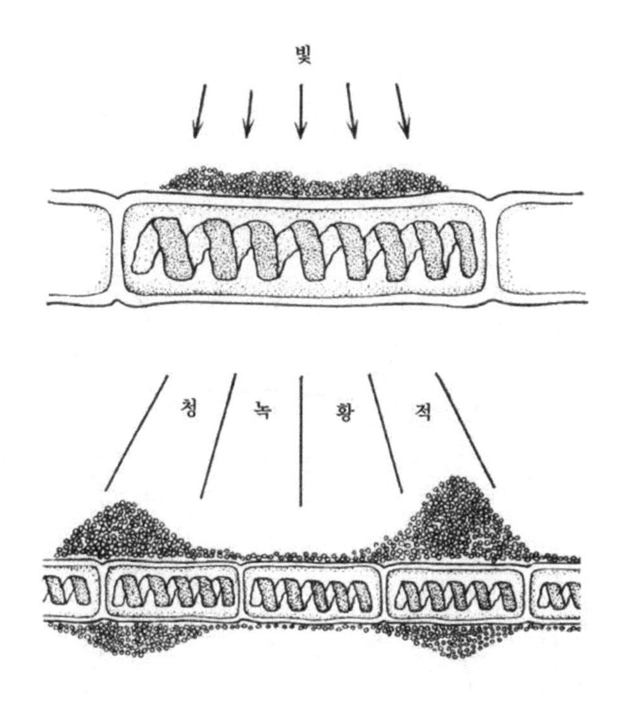

〈그림 18〉 엥겔만의 실험

은 해캄의 세포가 빛을 흡수하고 산소를 방출했기 때문이다.

이어 그는 빛을 7가지로 분광해서 각 분광을 해캄에 쬐여 보았다. 특히 청색과 적색 빛을 쬐인 곳에만 박테리아가 모여들었다(그림 18).

박테리아가 모여드는 양의 상태는 엽록소의 흡수 스펙트럼 곡선과 그 모습이 비슷하다. 이것은 엽록소가 흡수한 빛이 광합성에 유용하다는 것을 뜻한다. 이러한 사실은 그 후 여러 학자들이 시인했다. 특히 바르부르크(1923~1951)는 녹조인 클로렐라에다 청색과 적색 광을 쬐여 주었을 때 이산화탄소가 가장

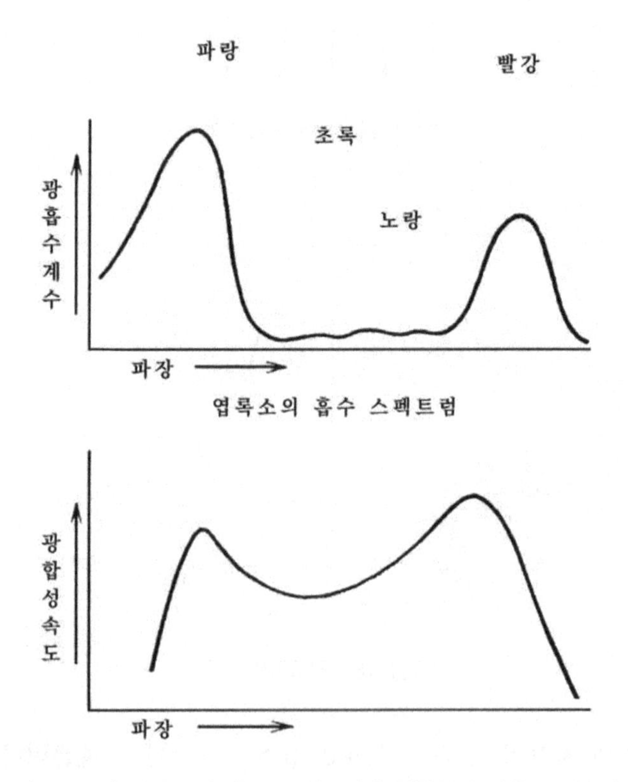

〈그림 19〉 엽록소의 흡수 스펙트럼과 광합성의 작용 스펙트럼

많이 흡수된다는 사실을 밝혀냈다. 그래서 엽록소와 광합성의 관계가 확정됐다.

어떤 파장(색)의 빛이 어느 정도 광합성에 유용한가를 그래프로 표시하고 이것을 광합성의 작용 스펙트럼 곡선이라 부른다. 바르브르크가 조사한 작용 스펙트럼 곡선과 엽록소의 흡수 스펙트럼 곡선을 비교해 보면(그림 19), 광합성작용 스펙트럼 곡선의 중앙부 계곡이 후자보다 얕다. 이것은 식물이 녹색 빛으로도 어느 정도 광합성이 가능하다는 것을 의미한다.

녹색 빛은 녹색인 엽록소에서 잘 흡수되지 않으나, 엽록소가 여러 겹으로 겹쳐 있고 엽록소를 함유한 엽록체와 세포가 많이 집결되어 있는 곳에서는 녹색광도 다소 흡수가 된다. 즉 녹색광으로도 광합성이 되기 때문에 작용 스펙트럼 곡선의 중앙부 계곡이 얕게 나타나는 것이다. 원칙적으로 식물은 어떤 색깔의 빛(파장, 波長)으로도 광합성을 할 수 있다. 다만 빛을 흡수하는 엽록소 자체가 녹색인 까닭으로 황색, 녹색 빛을 반사, 또는 투과시키고는 빛을 놓쳐 버리고 만다. 그래서 식물은 주로 청색과 적색 빛으로 광합성을 하는 것이다. 여기까지 읽고 다시 '엥겔만의 실험에 혹시 잘못이 있을 수도 있지 않겠는가. 자신이 확인해 보지 않고서야…' 하고 생각하는 독자가 있다면 그는 과학자로서의 자격이 결여되어 있는지도 모른다. 하기야 '선배의 의견이라고 모두 다 옳을 수는 없다. 가장 확실한 것은 자신이 손수 실험한 결과뿐이다'라는 기개와 신중이 필요하다. 그렇다고 이제까지 숱한 과학자가 완성하고 확인된 것들에 대해 일일이 의문을 품는다면, 현재 알려진 것들의 몇만분의 1도 확인해 보기 전에 일생이 끝나 버릴 것이다. 과학은 급속하게 진보되고 있다. '선배의 의견 중에 옳은 점이 많다'고 생각하고 넘어갈 것은 넘겨 가야 그다음 과정을 추진시킬 수 있지 않겠는가.

사진의 노광과 현상

"식물은 빛으로 살아간다"고 하면 언뜻 납득이 안 되나, "식물은 빛을 이용하여 생활에 필요한 탄소화합물을 합성한다"고 하면 무언가 그럴듯하게 느껴진다. 광화학 스모그에 대한 이야기 때도 언급되었지만 빛은 어떤 종류의 화학반응을 추진시키는 특별한 작용이 있다. 사진을 찍을 때 사진기는 피사체(被寫體)를 향해 셔터를 누르면 셔터가 열려, 바깥 경치가 필름에 비친다. 그러면 필름 막 표면에 발라 놓은 약품에서 빛의 강약에 따라 변화가 일어난다. 이것을 현상한 다음 정착을 해 보면 빛에 의하여 변화를 받은 부분은 변화량에 따라 흑화도(黑化度)가 다르게 나타난다. 이렇게 해서 음화(陰畫)가 된다.

이와 같이 빛에 의해서 진행되는 화학반응을 특히 광화학반응(光化學反應)이라 부르는데, 이 광화학반응은 빛에는 아주 민감하나 온도에는 둔감하다. 즉 암흑에서는 그 화학반응이 일어나지 않지만 빛이 있으면 그 강도와 비례한다. 그러나 온도의 영향은 받지 않는다. 만일 필름에 칠해진 약품의 화학변화가 온도의 영향을 예민하게 받는다면 우리는 사진기의 셔터를 누르기 전에 항상 온도계를 들여다보곤 해야 한다.

여름철 바닷가의 요트를, 또는 영하 몇십 도나 되는 겨울철 설경을 찍을 때도 명도(明度)만 생각할 뿐 온도는 개의치 않는다. 가령 햇볕이 쨍쨍 쪼이는 날씨라면 1/200초로, 흐린 날씨라면 1/50초로 셔터를 누른다. 필름 통 안에 들어 있는 설명서에는 겨울철이면 여름철보다 약간 더 길게 노출을 주라고 쓰여 있다. 이것은 여름철의 기온이 높아서가 아니고 겨울에 비해 햇볕이 더 강하기 때문이다(그림 20).

그런데 이와 반대로 빛의 다소와는 관계없이 온도에 민감한 화학반응도 있다. 있는 정도가 아니고 우리 주변 대다수의 화학반응은 대부분 이러한 열화학반응(熱化學反應)이다. 만일 이 열

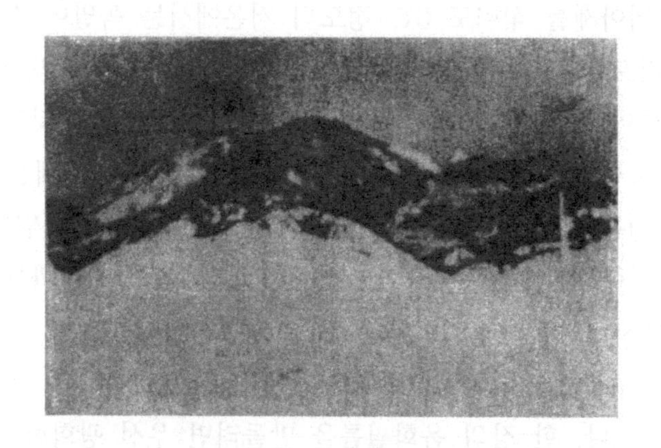

〈그림 20〉 사진의 노출 시간은 기온과 무관하다

화학반응이 빛의 영향을 받는다면 화학 실험실의 창이나 문의 밝기를 철저하게 단속해야 한다. 가스버너 같은 것에 함부로 불을 켤 수도 없을 것이다. 그러나 실험실의 밝기는 물론 실험 중에 가스 불이나 전열기를 켜는 것도 관계없다. 이것은 일반 화학반응이 빛과는 관계없이 진행되기 때문이다.

이처럼 일반 화학반응은 온도에 대단히 예민하다. 녹말액에

디아스타아제를 섞어도 0℃ 정도의 저온에서는 녹말이 잘 분해되지 않으나 온도를 30℃쯤으로 높이면 갑자기 분해반응이 일어나 당이 된다. 우리의 체온이 36.5℃로 유지되는 것도 체내에 있는 여러 가지 열화학반응이 순조롭게 진행되기 때문이다.

사진필름을 현상할 때의 화학반응은 온도에 예민한 열화학반응이다. 현상액에 대한 설명서에는 필름의 노출 시간과는 달리 '20℃에서 6~8분'이라는 식으로 그 용법이 지시되어 있다. 이 지시를 무시하고 35℃ 현상액에다 필름을 현상한다면 전부 시커멓게 된다. 한 장의 음화필름을 만들려면 우선 광화학반응을, 그리고 열화학반응을 거쳐야 한다.

빛에너지의 이용률

식물의 광합성에 있어 그 첫 단계는 두말할 나위 없이 광화학반응이다. 그 내용에 대해서는 뒤로 미루기로 하고, 여기서는 광화학반응에 있어 빛의 작용에 대해 알아보기로 하자.

길이의 단위에 ㎝, m 등이 있고, 무게의 단위에는 g, ㎏ 등이 있듯이 빛에는 광량자(光量子)라는 단위가 있다. 빛을 숫자로 표시하게 된 것은 플랑크, 아인슈타인 등 유명한 물리학자에 의하여 빛도 여느 물질처럼 입자의 집합체라는 것이 이론적으로 뒷받침된 이후부터다.

아인슈타인의 광화학당량설(光化學當量說)에 의하면 "어떤 파장(色)의 빛이건 물질 1분자를 활성화시키는 데는 1광량자가 필요하다"고 한다. 광량자의 에너지는 빛의 진동수(파장의 역수)에 비례하므로, 세기가 같은 에너지를 가진 빛의 경우 이것을 광량자 수로 따져 보면 청색에서는 작고 적색에서는 크다. 다시

〈표 3-1〉

빛의 색	파장 (mμ)	이용 비율 (%) (쓰인 에너지 / 흡수한 에너지)
적	510~690	95
황	578	54
녹	546	(44.4)
청	436	(34.0)
	(증기기관)	15~20

말해서 광량자의 에너지를 비교해 보면 적색보다는 청색이 더 크다는 것이다. 따라서 적색의 1광량자로 해치울 수 있는 어떤 일을 청색의 1광량자로 대신하면 에너지가 남아돈다.

물론 에너지를 이용해서 일을 할 경우 주어진 에너지가 모두 다 그 일에 쓰이는 것은 아니다. 가령 인간이 만든 증기기관은 석탄의 형태로 공급된 에너지 중에서 실제로 기차를 움직이는 데 쓰이는 에너지가 불과 15~20% 정도다. 식물이 광합성을 할 때는 이 같은 낭비는 없지만, 에너지의 일부를 놓치곤 한다.

바르부르크에 의하면 클로렐라가 광합성을 할 때의 에너지 이용 비율은 적색광의 경우 〈표 3-1〉과 같이 95%나 된다. 파장이 짧은 청색광은 에너지를 쓰다 못해 남기고 만다.

이 표에서 녹색광의 이용 비율을 ( )로 표시한 것은 클로렐라에 녹색광을 쬐일 때 그 일부를 반사 또는 투과에 의하여 놓쳐 버리기 때문에 정확한 수치가 아니라는 뜻이다.

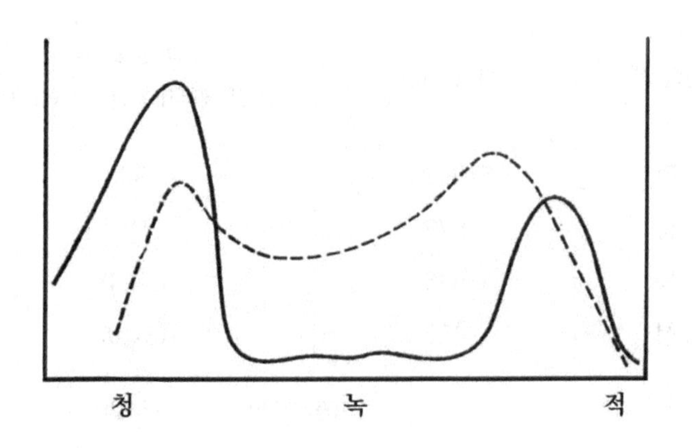

〈그림 21〉 동화 효율이 높은 적색광

광합성 단위

광합성은 그 첫 단계에서 빛을 이용하는데, 그러면 광합성에 있어 CO_2 한 분자가 동화*되려면 몇 광량자의 빛이 필요한가? 이에 대해 바르브르크는 4광량자가 필요하다 했고, 그 후에 에머슨은 8~12광량자가 필요할 것이라 했다. 그리고 엽록체 안의 엽록소는 약 200개가 한데 뭉쳐 서로 협동하면서 광합성을 추진하는 것으로 알려져 있다. 이것은 엽록체를 잘게 부수어서 엽록소의 수를 200개 이하로 하면 빛을 쬐여도 산소가 방출되지 않기 때문이다. 그래서 약 200개의 엽록소 집단을 광합성 단위로 삼고 있다.

여기서 다시 한 번 엽록소의 흡수 스펙트럼(어떤 파장의 빛이 얼마만큼 흡수되는가)과 광합성의 작용 스펙트럼(어떤 파장의 빛을

* 편집자 주: 외부 에너지원을 섭취해 고유 성분으로 변화시킴

쬐일 때 얼마만큼 광합성이 이루어지는가)의 그래프를 비교해 보자(〈그림 19〉 참조).

중앙부의 계곡에 차이가 있다는 것은 이미 설명한 적이 있다. 그런데 이 밖에도 큰 차이점이 있다. 즉 청색 부분의 산과 적색 부분의 산을 비교해 보면, 엽록소에 의한 빛의 흡수는 청색이 많은데 광합성량은 적색이 많다. 이것은 앞서 말한 빛의 파장과 광량자의 관계를 기억해 보면 곧 납득될 것이다(그림 21).

엽록소는 반도체

"식물은 몇억 년 전부터 태양에너지를 이용하는 최신식의 화학 산업을 하고 있다."

이것은 이미 설명이 되었다. 여기서 최신식이란 말의 내용에 대해 좀 더 구체적인 설명이 필요할 것 같다.

근래에 이르러 인간 사회는 막 전자기술 시대를 맞이했다. 각종 기계가 보다 정밀해졌고 또 소형화해 간다. 이 전자기술 시대를 이끌어 가고 있는 것은 바로 반도체이다. 반도체란 전기가 통하는 것(예: 철, 구리 등)과 통하지 않는 것(예: 황, 유리 등)의 중간 성질을 지니고 있는 것으로서, 여건에 따라 전기가 통하기도 하고, 안 통하기도 한다.

일반 금속은 온도가 높아지면 전기저항도 높아져서 전기를 잘 통과시키지 못하는데, 반도체는 반대로 온도가 높아져야 전기를 잘 통과시킨다. 저마늄(Ge), 실리콘(Si), 셀레늄(Se) 등은 반도체의 대표적인 것으로서 트랜지스터, 다이오드 등에 많이 이용된다.

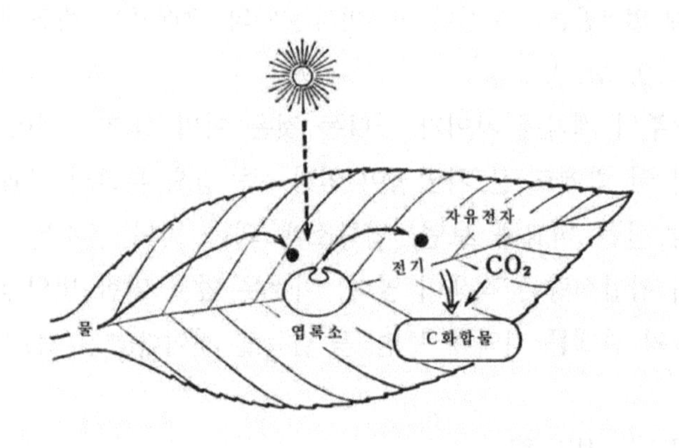

〈그림 22〉 태양광에 의하여 자유전자가 생긴다

또 반도체는 열뿐만 아니라 빛, 전자기, 방사선 등에 의해서도 절연체에서 양도체로 변한다. 이것은 열, 빛, 방사선 등의 에너지로 인해 금속 구조의 교란이 일어나서 금속 사이를 이동할 수 있는 전자가 생겨나기 때문이다.

전기가 통한다는 것은 그 안에 자유전자가 있다는 것인데, 이러한 자유전자들을 지닌 금속에 빛 등의 에너지를 부여하면 자유전자가 금속 분자 사이를 이동한다. 이러한 현상은 광전효과(光電效果), 에디슨 효과 등으로 알려져 있다. 만일 엽록소가 이러한 반도체의 성질을 지니고 있다면 엽록체 내의 그라나야말로 광합성을 하기 위한 초소형(超小型), 초최신식(超最新式) 기계가 아니겠는가.

그런데 최근 캘리포니아대학의 캘빈, 조고우 등에 의하면 엽록소에다 빛을 쬐였더니 자유전자가 생겨나더라는 것이다. 이것은 자유전자가 있는 곳에서는 고주파의 일부가 흡수되는 현상을 이용해서 확인한 것인데, "엽록소에다 빛을 쪼이면 자유

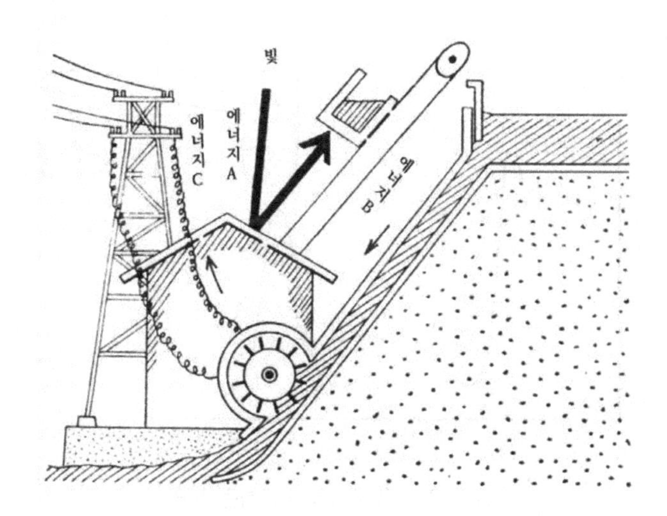

〈그림 23〉 엽록소는 수력발전소와 비슷하다

전자가 생겨난다"는 것은 엽록소가 반도체의 성질을 지니고 있다는 징조가 된다.

빛에너지를 전기에너지로

엽록소 분자에 빛을 쬐이면 전자가 튀어 나간다. 핵으로부터 떨어져 나간 전가는 핵 근처로 다시 되돌아가려 하므로 전자를 잃은 분자는 상대적으로 에너지가 보다 높은 상태가 된다. 이러한 상태에 있는 엽록소를 들뜬 엽록소라 한다. 빛에너지는 이렇게 해서 엽록소에 말려들게 된다. 이때 개개의 엽록소마다 그런 것이 아니라, 도체로 된 분자로부터 다시 다른 분자로 옮겨 가곤 하면서 중심이 되는 엽록소에 모인 다음 이 중심에서 에너지를 이용하는 작업이 시작된다.

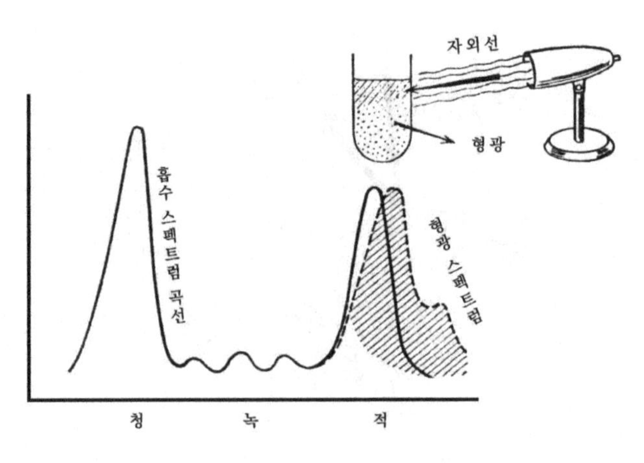

〈그림 24〉 엽록소가 방출하는 형광

이렇게 해서 빛에너지가 일종의 전기에너지로 전환된다. 이것은 마치 물의 낙하력(落下力)을 이용하여 전기에너지를 만드는 발전소와도 같다. 그러므로 엽록소는 빛을 이용하여 물을 퍼 올리는 발전소 역할을 하는 것이라 생각할 수가 있다(그림 23).

엽록소가 빛에너지를 이용하고 있다는 것은 다른 실험으로도 확인되었다. 가령 잎으로부터 엽록소만을 끄집어내어 그 녹색액에 자외선을 쬐이면 엽록소가 빨갛게 빛을 낸다. 이것은 방전관(放電管: 진공방전에 쓰는 유리관) 안에 수소를 넣고 방전하면 수소가 분홍색 빛을 내는 원리와도 같다. 이렇게 나타나는 빛을 형광(螢光)이라 부른다.

엽록소로부터 방출되는 형광은 파장이 6,750Å(옹스트롬)과 7,300Å이므로 엽록소의 흡수 스펙트럼 곡선에 있어 적색광인 산과 거의 겹친다. 결국 엽록소는 단파장의 빛인 자외선을 흡수하고는 이를 장파장의 빛으로 하여, 즉 빛에너지의 일부를 엽록소에 넘겨주고 밖에다 방출하는 셈이다.

그런데 광합성을 하고 있는 식물 잎에 자외선을 쬐여도 이 같은 형광이 나오지 않는다. 이것은 빛에너지가 광합성에 쓰이기 때문이다. 이에 비해 잎으로부터 엽록소만을 밖에 끄집어내면 원래 광합성(탄수화물 합성)에 쓰일 에너지가 거기에 쓰이지 않기 때문에, 결국 형광이 되어 밖으로 방출되는 것으로 생각된다. 즉 에너지를 끌어들이는 엽록소가 있다 해도 그것을 동력으로 하여 움직이는 기계가 없으면 그 에너지는 쓸모없게 된다.

이렇듯 엽록소는 빛에너지를 잡아들여 광합성에 쓰이는 에너지로 전환하는 작업을 할 뿐, 공기 중의 탄소를 끌어들여 탄소화합물을 합성하는 작업은 별개의 문제다.

4장
광합성의 원료

식물의 '강한' 생활력

광합성이라는 화학산업에 있어 그라나를 기계로, 엽록체를 공장으로, 햇볕을 동력으로 친다면 광합성으로 만들어진 당이나 녹말은 그 제품인 셈이다. 그런데 이들 제품의 원료는 물과 이산화탄소뿐이다. 물은 뿌리로부터 흡수하므로 식물체 내에 충분한 양이 있다. 문제는 이산화탄소다.

식물은 이 이산화탄소를 공기로부터 끌어들여서 탄소, 수소, 산소가 1:2:1의 비율로 형성된 물질, 다시 말하면 탄소(C)와 물(H_2O)이 1:1의 비율로 된 이른바 탄수화물(CH_2O)을 합성하고 있다.

식물은 광합성을 하면서 살아가고 있다. 지금은 별로 신비스럽지도 않고 어찌 보면 당연한 것 같은데, 다시 한 번 곰곰이 생각해 보자. 식물이 "공기와 물을 마시고 녹말을 만든다"는 이 오묘하고도 거창한 일은 몇억 년 전부터 계속되어 오고 있다. 만일 학교에서 이런 사실에 대해 전혀 배운 적이 없었다면 "식물이 공기와 물을 마시고 살아간다"는 것을 생각조차 해 보지 않았을 것이다. 아마 200년 전에 어느 천재가 나타나 이런 말을 했다면

'무슨 소리를, 그런 잠꼬대 같은 소리를…'

하고 핀잔을 주었을 것이다. 하지만 식물은 분명히 물과 공기를 마시고 산다. 그렇건만 우리는 이토록 신비스럽기만 한 사실을 별로 대수롭지 않게 여긴다. 이 신비스런 사실을 언제부터 당연하게 여겨 왔을까?

지금으로부터 300년 전쯤 네덜란드의 벨먼트는 큼직한 화분

〈그림 25〉 벨먼트의 실험

에다 90㎏의 바싹 마른 흙을 넣고 그 안에 버드나무의 어린 묘목을 한 그루 심은 다음 물만 주었다. 그 후 5년 만에 이 나무의 무게를 달아 보니 자그마치 76㎏나 되었다. 한편 버드나무를 키운 화분의 흙은 불과 56g밖에 줄지 않았다. 벨먼트는 5년 동안 빗물만 주어 왔기에 '버드나무는 물로 되어 있다'고 생각했다. 이 대담한 그의 결론이 물론 올바른 것은 아니었으나, 식물의 생활양식이 동물과 다르다는 것을 일깨워 주는 데 있어 큰 계기를 마련했다.

그 후 오랜 세월이 지나서야 식물체가 탄소(C), 수소(H), 산소(O) 등의 원소로 되어 있다는 것이 밝혀졌다. 그래서 "물(H_2O)만으로 식물이 되는 것이 아니고 이 밖에 필요한 탄소(C)는 물이 아닌 다른 것으로부터 끌어들인다"고 생각지 않을 수 없게 됐다.

공기의 정화?

1772년 프리스틀리는 방 안에 램프를 오랫동안 켜 놓으면 공기가 탁해지는데 그 방 안에 식물을 두었더니 공기가 맑아지는 것을 보고, 이것을 실험적으로 확인해 보려고 한 용기 안에는 쥐만을 넣어 두고 다른 용기에는 쥐와 함께 식물을 넣어 둔 다음 쥐의 행동을 살폈다.

식물이 없는 용기 안의 쥐는 얼마 안 가서 움직이지도 못할 정도로 허약해졌지만, 식물과 함께 있었던 쥐는 끄떡없었다. 그래서 그는

'동물은 주위의 공기를 탁하게 하나 식물은 공기를 맑게 한다'

고 생각했다.

1779년 잉엔하우스는 '식물이 공기를 맑게 한다'는 현상에 대한 흥미를 느끼고, 프리스틀리의 실험을 되풀이하는 동안 '식물이 주위의 공기를 맑게 하는 것은 주간뿐이고 야간에는 그 작용을 하지 않는다'는 것을 알았다.

1782년 세네비어는 유리 용기 안에 식물을 넣고, 이것을 밝은 곳에 두었더니 용기 안에 산소(O_2)가 증가하는 한편 이산화탄소(CO_2)가 감소됨을 알았다. 그래서 그는 '식물은 동물과는 반대로 CO_2를 흡수하고 O_2를 방출한다. 이렇게 해서 주위의

공기가 정화된다'고 생각했다.

식물이 공기로부터 이산화탄소를 흡수한다고 하면, 식물체에 다량으로 함유된 탄소(C)의 공급원을 합리적으로 설명할 수가 있다. 그러나 당시 식물학자들은 공기 중에 함유된 이산화탄소라고 해 봐야 불과 0.03%인데 지구 위에 있는 모든 식물이 과연 이 정도로 충족될까 하고 믿으려 들지 않았다.

이 무렵 리비히(최소양분율, 最小養分律, Liebig's Law로 유명하다)라는 식물학자는 세네비어가 했던 실험을 몇 번이고 되풀이한 끝에 세네비어의 주장을 지지하고 나섰다. 그 후로는 리비히의 말대로 식물은 공기 중의 이산화탄소를 마시고 산다는 것을 믿기 시작했다.

지금은 "식물이 빛이 있는 곳에서 이산화탄소를 흡수해서 녹말을 만든다"는 것쯤은 누구나 알고 있다. 중학교 교과서에는 다음과 같은 실험이 쓰여 있다.

아침 일찍 녹색 잎의 일부를 은박지 같은 것으로 둘러싸서 햇볕에 노출되지 않도록 해 두었다가 대낮쯤 그 잎을 따서 알코올 속에 넣으면 녹색이 빠져나간다. 이것을 아이오딘액에 넣으면 햇볕에 노출되지 않았던 부분만이 하얗게 되고 다른 부분은 청자색이 된다. 이것은 햇볕을 쪼인 곳에 녹말이 생겼다는 징조다. 다음에는 셀로판에 검정색 매직잉크로 글자를 쓴 것 또는 사진의 음화필름을 잎에 밀착시켰다가 앞에서와 같이 아이오딘액에 넣으면, 잎에 글자 또는 사진 같은 현상이 나타난다(그림 26).

녹말은 당이 여러 분자 모인 것이고, 당은 탄소(C), 수소(H), 산소(O)가 모인 것이므로 이산화탄소(CO_2)와 물(H_2O)이 있기만

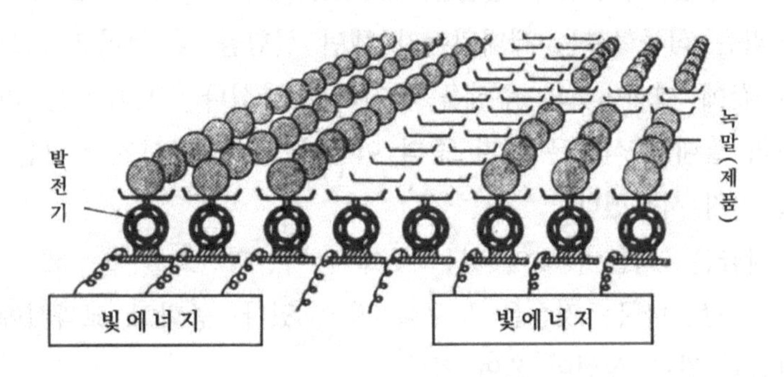

〈그림 26〉 녹말 생성 실험과 그 원리

하면 당, 녹말의 합성이 가능하다. 하지만 원료만으로는 합성이 안 된다. 기계를 움직이는 동력원인 빛이 있어야 한다. 잎에 글자나 그림이 나타나는 것은, 잎 안에 있는 숱한 광합성 기계 중 빛에너지를 받지 못한 기계가 녹말을 만들어 내지 못했기 때문이다.

지구의 탄소자원

'설마…' 하고 생각할지 모르나 '공기는 산소와 이산화탄소(탄산가스)로 되어 있다'고 믿는 사람들이 많다. 다시 중학교 교과

서를 보면 공기의 성분은

질소 78.1%

산소 20.9%

아르곤 0.9%

이산화탄소 0.03%

네온 0.002%

라고 적혀 있다. 이렇듯 공기의 주성분은 산소(O)도 이산화탄소(CO_2)도 아니다. 질소(N)가 거의 80%를 차지하고 있다. 식물이 광합성에 이용하는 이산화탄소는 앞에서도 말한 바와 같이 0.03%에 불과하다.

그러나 지구를 둘러싸고 있는 공기의 양을 감안하면, 비록 0.03%에 지나지 않는다 해도 총량으로 따지면 실로 방대한 양이 된다. 공기 속에 있는 탄소의 양만 해도 약 6000억 톤, 물속에 용해되어 있는 이산화탄소, 탄산염 등에 함유된 탄소가 50조 톤으로 이것만 합쳐도 거의 60조 톤이나 된다. 이 지구에 있는 식물이 연간 이용하는 탄소의 양은 약 2,000톤, 따라서 지구에는 식물이 이용하는 양의 300배나 되는 탄소가 있다. 이 말은 탄소화합물, 즉 이산화탄소가 새로 생겨나지 않아도 식물은 300년 동안 끄떡없이 살아갈 수 있다는 것이 된다. 그렇다고 '우리 후손들 시대에는 식물이 없어진다는 말인가?' 하고 걱정할 필요는 없다.

후손들 중의 과학자가 그때의 탄소량을 계산해 보아도 역시 300년 동안은 견딘다고 할 것이다. 그러나 식물이 탄소를 일방적으로 흡수해 버리면 언젠가는 바닥이 드러나지 않겠는가? 하

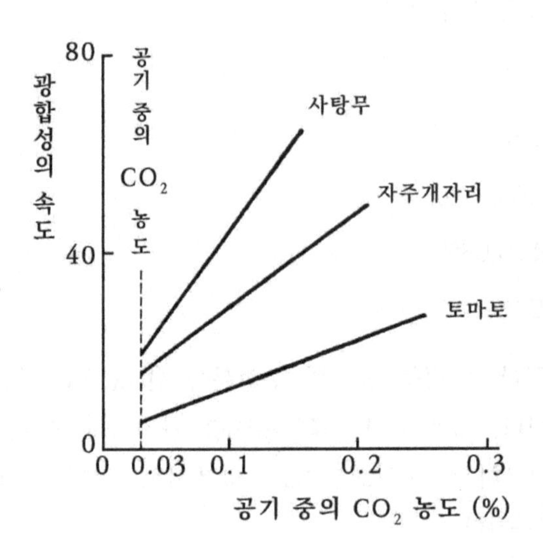

〈그림 27〉 이산화탄소의 양과 광합성

지만 걱정 없다. 이산화탄소를 방출하고 있는 것이 있기 때문이다.

동물은 항상 호흡을 하고는 이산화탄소를 내뿜는다. 그렇다고 '식물은 동물이 내뿜는 이산화탄소 때문에 살아간다'는 것은 아니다. 왜냐하면 호흡은 동물만이 아니고 식물도 하기 때문이다. 뿐만 아니라 생물이 아니더라도 이산화탄소를 방출하는 것은 많이 있다.

화산이 폭발할 때, 유기물이 썩을 때, 탄수화물로부터 지방이 형성될 때에도 이산화탄소가 생겨난다. 특히 미생물이 유기물을 분해할 때 생겨나는 이산화탄소의 양은 방대하다. 바람이 없는 날 숲속에는 여느 때보다 이산화탄소량이 10배나 더 많았다는 기록이 있다. 이것은 땅속에서 미생물이 유기물을 분해할 때, 즉 부패가 될 때 이산화탄소가 생겨나기 때문이다.

식물에 여러 가지 농도의 이산화탄소를 공급하면서 광합성량을 측정해 보면 식물이 이산화탄소를 어느 정도 이용하고 있는지 알 수 있다. 이산화탄소가 전혀 없는 곳에서는 광합성을 하지 않으나 이산화탄소의 양을 조금씩 늘려 가면 광합성량은 이에 비례해서 많아져 간다.

이산화탄소의 양을 0.03%(공기 중의 농도) 이상, 즉 2배, 5배, 10배로 그 농도를 높이면 광합성량도 계속 증가한다(그림 27). 이것은 물속에 있는 식물의 경우도 마찬가지다. 가령 빛이 충분히 강하기만 하면, 이산화탄소의 양을 여느 때보다 50배로 했을 때도 역시 광합성량이 증가했다는 실험 성적이 있다.

그러나 이산화탄소의 양이 지나치게 많으면 식물이 호흡만 하고 있을 때, 즉 야간에는 해롭기 때문에 무작정 이산화탄소량을 높일 수는 없다.

0.03%에 매달린 지구의 생명

식물의 입장에서 보면 현재 지구를 둘러싼 공기 중에서 0.03% 정도 되는 이산화탄소로는 충분하지가 않다. 석탄기(石炭紀)에 대형식물이 지구를 뒤덮고 있었던 것은 그때의 공기 중에 이산화탄소가 훨씬 많았기 때문으로 생각된다.

따라서 현재 지구 위에 있는 식물은 제 능력만큼 광합성을 하지 못하고 있는 것이다. 즉 원료의 부족으로 '생산제한(生産制限)'을 하고 있는 상태라고나 할까. 마치 날쌘 경기용 자동차가 복잡한 서울 명동 거리를 기어 다니는 것처럼 광합성 기계가 느릿느릿 돌고 있다. 그러므로 이 지구는 식물이 살기에는 그

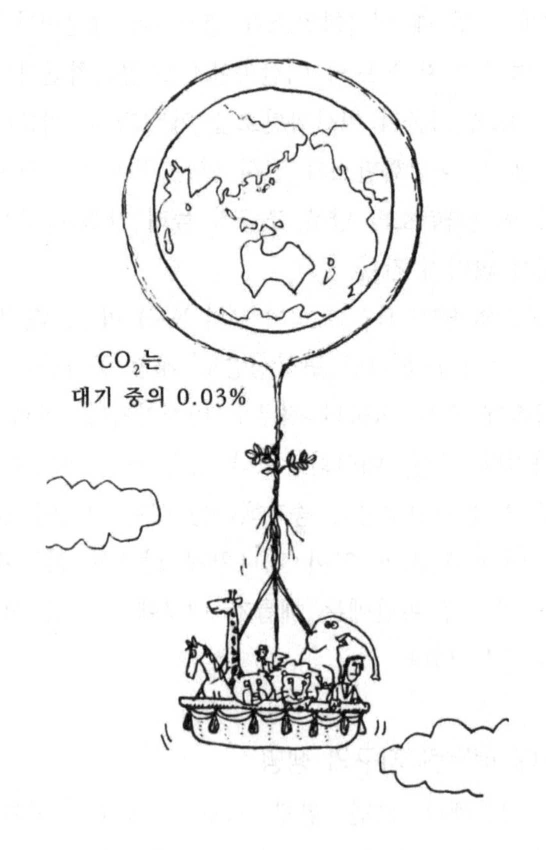

〈그림 28〉 0.03%에 매달린 지구의 생명

렇게 좋은 곳이 못 된다.

어쨌든 식물은 지구를 둘러싼 공기 중의 0.03%라는 보잘것 없는 CO_2의 C를 흡수하면서 그럭저럭 살아간다. 이렇게 공들여 만든 광합성 산물, 즉 탄수화물 등의 유기물은 식물 자신의 생명 유지를 충당할 뿐 아니라 동물의 생명까지도 지탱해 준다. 앞서 말한 대로 우리 동물들은 식물이 만든 유기물을 가로

채지 않고는 살지 못한다. 이에 대해 클락(1954)은

"인간을 포함한 모든 생물은 0.03%라는 이산화탄소의 가느다란 실오라기에 매달려서 살고 있다"

고 한 적이 있다(그림 28).

물이 아래에서 위로 흐른다

"물이 아래에서 위로 흐른다"는 제목을 보고 '그런 것이 어디에 있단 말인가?' 하고 정색을 한다면 그는 꽤나 단순한 사람일 것이다.

사실 미국 하와이 오아후섬에 있는 어느 암벽에서는 강한 바람이 몰아치기라도 하면 폭포수가 허공으로 날아 올라갈 때도 있다. 하지만 이것은 흐르는 것이 아니라 바람에 날리는 것이다.

아래로부터 위로 흐르는 것이라 하면 수돗물이 가느다란 수도관을 거쳐 빌딩 옥상까지 흘러 올라가는 것이 있고, 우리 생체에서도 혈액이 혈관 속을 상하, 좌우로 계속 흐르고 있다. 또 식물체 내에서도 모근(毛根)에서 흡수된 물은 뿌리나 줄기를 거쳐 잎에 이르러 광합성 등 생리작용에 이용된다.

빌딩의 수돗물은 기계로 수압을 가해 주거나, 아니면 일단 옥상보다도 더 높게 올렸다가 위에서 아래로 물을 흘리거나 한다. 또 우리의 혈액도 심장이라는 특수한 펌프에 의하여 체내의 구석까지 압류(押流)되는 것이다. 어느 경우든 특수한 힘이 가해져야 한다.

그러나 식물체 내에는 심장도 없고 압력을 가해 주는 장치 같은 것도 없다. 그럼에도 물이 수직으로 서 있는 나무줄기를

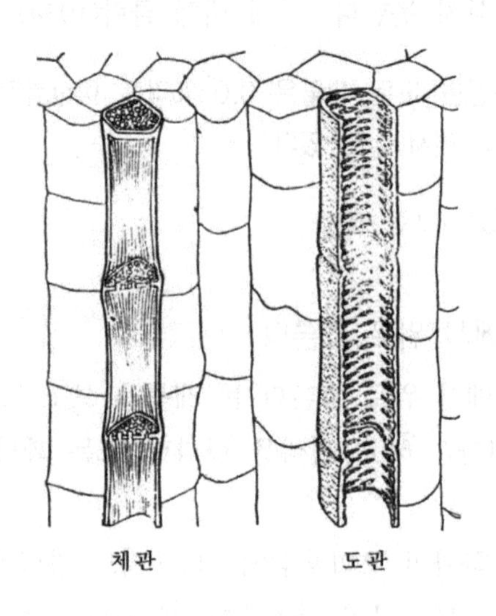

〈그림 29〉 체관과 도관

타고 수십 미터나 되는 높이까지 거뜬히 올라간다. 왜 그럴까?

식물체 내에서 이동하는 물은 우선 모근에서 땅속에 있는 물이 흡수된 후 차례로 근세포를 거쳐 줄기의 중앙에 있는 도관(導管)으로 들어간다. 도관은 마치 참대나무 줄기의 마디를 꿰뚫어 놓은 것같이 생긴 관인데(그림 29), 이 관이 뿌리로부터 줄기로, 줄기로부터 잎까지 연결되어 있다. 그래서 물은 이 도관 속을 거쳐 식물체 내 구석구석 남김없이 골고루 퍼진다.

식물체 내에는 체관이라는 또 하나의 관이 있다. 이 체관은 잎에서 만들어진 물질을 줄기 또는 뿌리에 수송할 때 이용되는 관이다. 따라서 도관과 체관은 동물의 동맥과 정맥, 주택지의 상하수도와 비슷한 기능을 한다.

동맥과 정맥은 서로 떨어져 있고, 주택지의 상수관과 하수관

〈그림 30〉 식물은 상하수도를 완비하고 있다

은 시공업자에 따라 시공하는 날짜나 장소가 다르기 때문에 공사 도중에 부득이 또는 실수로 토관, 수도관, 가스관 등을 부수기도 한다.

상수도와 하수도는 기능상 '쌍'으로 되어 있는 것이 이상적이다. 그리고 이 관들은 정수장(淨水場)이나 오수처리장에 가까울수록 굵게, 주택들이 드문 곳이라면 가늘게 펴져 있어야 한다.

식물체 내에서는 도관과 체관의 배열이 매우 이상적이다. 즉 이들은 몇 개씩 한데 뭉쳐져 하나의 큰 다발로 되어 있다. 그리고 관들 사이에는 부드러운 세포들이 채워져 있어서 마치 충전물 같은 역할을 한다. 도관과 체관이 한데 뭉쳐 있는 큰 다발을 유관속(維管束)이라 부르는데, 식물의 줄기 속에는 이 유관속이 질서 정연하게 배치되어 있다. 이 유관속이 잎에 들어가서는 여러 갈래로 퍼져서 엽맥(葉脈)을 형성하고 있다(그림 31).

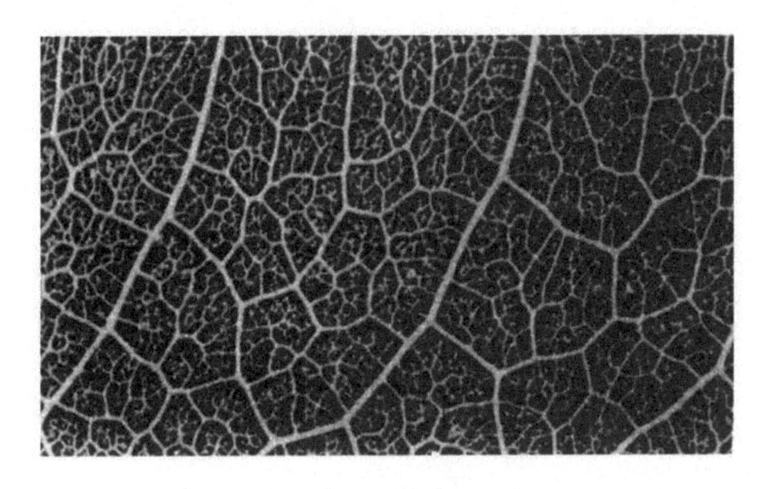

〈그림 31〉 물푸레나무 잎의 엽맥

이렇게 해서 식물의 수도관(도관, 導管)은 모든 잎세포에 물이 골고루 퍼져 나가게끔 적절히 배분되어 있다. 한편 잎세포에서 만들어진 여러 가지 물질은 유관속 내의 체관을 거쳐 잎으로부터 다른 기관(줄기, 뿌리 등)으로 옮겨 나간다. 식물은 상수도와 하수도를 따로따로 시공하는 것 같은 비경제적인 짓은 하지 않는다. 하물며 수도만을 시공해 놓고 하수도를 묻어 놓지 않는 불합리한 일을 식물은 하지 않는다.

무엇이 물을 밀어 올리나?

도관 속에서 위쪽으로 흐르는 물은 혈액이나 수돗물처럼 그렇게 빠르지 않으므로 뿌리로부터 잎에 수송되는 물의 양은 그다지 많지 않다. 그래도 옥수수 한 그루가 제구실을 다하고 죽을 때까지는 약 200ℓ의 물을 증산시킨다. 게다가 광합성 등의 생리작용에 쓰이는 물까지 따지면 상당한 양의 물이 도관 속을

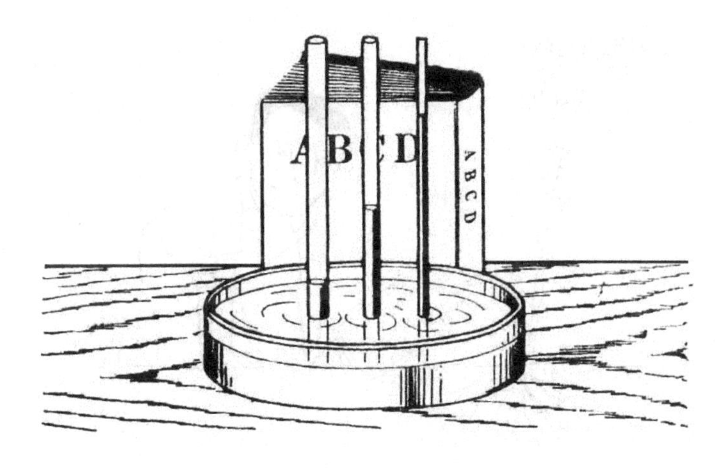

〈그림 32〉 모세관현상

흐르고 있는 셈이다.

그런데 어떻게 해서 물이 도관 속에서 아래로부터 위로 흐르는가? 이에 대해 예부터 여러 사람들이 저마다 그럴싸한 의견을 제시해 왔지만 아직까지 확정된 정설이 없다. 도관을 둘러싼 막이 물결치듯 신축할 때의 힘으로 물을 위로 밀어 올린다고 주장하는 학자도 있다. 이들 중 그런대로 많은 사람들의 호응을 받고 있는 것만 몇 가지 추려 본다.

1. 모관설(毛管說) — 유리관, 또는 그 밖의 좁은 틈 사이를 물이 기어 올라가는 모관현상(毛管現象) 또는 모세관현상(毛細管現象)이 바로 도관 내를 물이 상승하는 이유라고 내세우는 학설이다. 그러나 다음과 같은 두 가지 이유로 현재 인정받지 못하고 있다.

(1) 모관현상은 순수한 물리현상이며 유리관 속의 물은 그 내

〈그림 33〉 수세미외의 근압

경의 크기에 반비례해서 올라간다. 가령 물이 10m까지 올라가려면 그 유리관의 직경은 0.75μ이어야 한다. 다시 말해서 0.75μ의 가는 관이 아니고는 물을 10m 높이까지 끌어 올리지 못한다.

그런데 수십 미터나 되는 나무라고 해도 이처럼 가는, 현미경으로도 보이지 않는 겨우 0.75μ의 도관이어야 한다. 그것도 이 계산은 순수한 물의 경우다. 도관 속에 있는 물에는 N, P, K, Ca 등의 물질이 녹아 있으므로 0.75μ보다도 더 작아야 한다.

(2) 유리관의 상부를 손가락으로 누르면 물이 올라가지 못한다. 즉 모관현상이 일어나지 않는다. 그런데 도관의 앞쪽 끝에는 구멍이 열려 있지 않음에도 불구하고 물이 올라간다.

2. 근압설(根壓說) — 수세미외의 줄기를 밑동으로부터 20㎝쯤 남겨 놓고 자른 다음 잘린 부분을 병 속에 넣어 두면, 줄기의 절단면에서 물이 흘러나와 얼마 후에는 그 물이 병 밑에 고인다. 바로 수세미외의 물이다. 이것이 오드콜로뉴라는 침실용 향수다. 이와 같이 수세미외 줄기에는 아래로부터 물을 밀어 올리는 힘이 걸려 있다. 이 압력을 근압(根壓)이라 부른다. 줄기를 자르지 않은 수세미외의 줄기에도 뿌리로부터 이와 같은 압력이 걸려 있을 것이므로 물이 줄기를 타고 올라간다는 것이다. 이것이 근압설이다.

그런데 근압은 고작해야 3~4기압이므로 줄기의 물을 약간은 밀어 올릴 수 있겠지만 10m 높이까지는 도저히 밀어 올리지 못한다. 그러므로 근압만으로는 물의 상승현상을 설명하기가 어렵다.

3. 증산, 응집력설(蒸散, 凝集力說) — 현재 가장 인정을 받고 있는 학설이다. 먼저 실험 예를 들어 본다.

〈그림 34〉처럼 관의 상단에 애벌구이로 만든 진흙 공을 올려놓고 관 속에 물을 채운 다음, 관의 하단을 수은 속에 넣고 고정해 둔다. 그리고 진흙 공에 열과 바람을 쬐이면 공 표면으로부터 물이 증발한다. 한편 하단에 있는 수은이 유리관 속으로 조금씩 스며든다. 무거운 수은이 관 속으로 스며든다는 것은 수은이 밀려 올라가는 것이 아니고 관의 상단에서 수은을 끌어 올린다고 보아야 한다.

진흙 공 표면의 물이 수증기가 되어 밖으로 뛰쳐나가면, 이어 표면 근처에 있던 물이 대신 옮겨 와서 또 증발해 나간다. 그러면 그다음 층에 있던 물이 그 뒤를 따르곤 한다. 이렇게

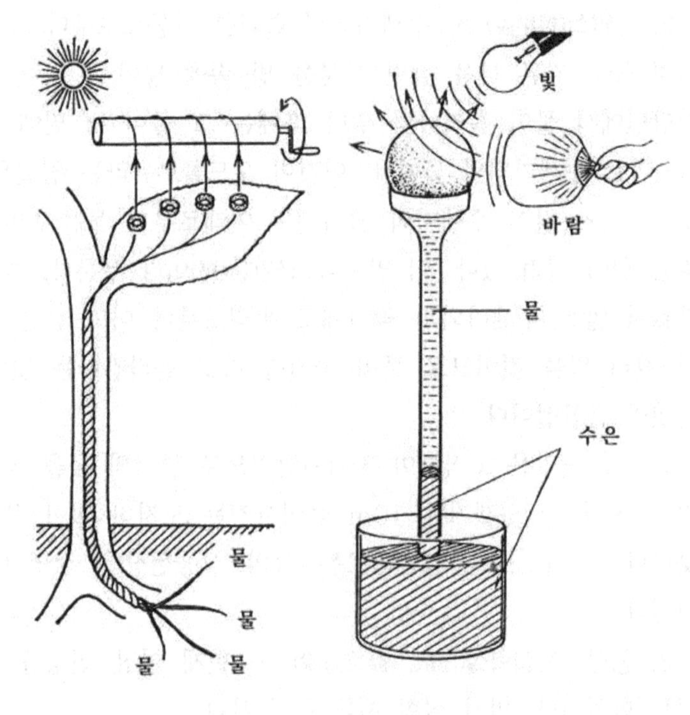

〈그림 34〉 증산, 응집력설

해서 관 속의 물은 진흙 공 쪽으로 끌려간다. 이때 물의 응집력이 약하다면 물은 중도에서 끊긴다. 그러나 물에는 강한 응집력이 있기 때문에 상단에서 끌어 올리면 그 밑에 이어져 있는 물들이 뒤따라 올라간다. 그렇게 되면 관 속의 압력이 떨어지게 되므로 따라서 무거운 수은이 스며들게 된다.

수분의 상승을 이러한 현상으로 설명하고자 하는 것이 증산, 응집력설이다. 증산이란 엽면에서 물이 증발하는 현상이고 응집력이란 물 분자들이 서로 응집하는 힘이다. 잎의 기공을 통해서 물이 증산하면 줄기 안에 있는 물이 위로 끌려 올라간다.

이 현상을 섬유로 만든 끈을 위에서 잡아끌어 올리는 그림으로 설명한 교과서도 있다. 진흙 공의 그림과 끈에 비유한 이 그림을 자세히 보면 그런대로 수분 상승의 메커니즘을 짐작할 수 있을 것이다.

물론 간단한 물리 실험 결과를 복잡한 생물현상에 그대로 적용시키기는 어려운 것이다. 이를테면 식물의 도관은 유리관과는 달라서 끝부분에 가까워질수록 여러 갈래로 갈라져 있고, 또 그 벽이 단단하다고는 하나 유리관처럼 그렇게 단단하지는 않다. 그래서 어느 정도의 신축성이 있고, 도관 자체도 물이 밖(측면)으로 약간씩 스며 나갈 수 있는 구조로 되어 있다.

그러므로 엽면에서 물이 잡아당기는 힘이 그대로 하부에 있는 물을 끌어올리는 힘이 되지는 않는다. 분명 물의 증산(蒸散)과 응집력(凝集力)으로 끌어 올리는 것이 주가 될 것이고, 이에 모근세포의 흡수력(吸水力), 근압 등이 가담되어서 '아래로부터 위로 순조롭게 흐르는 것'이 아닐까?

이렇게 되어 땅속에서 끌어 올려진 물은 광합성 공장으로 흘러 들어간다.

원료의 수납 창구—기공

어떤 공장이든 원료를 끌어들이는 출입구가 마련되어 있고 우리도 산소를 들이마시는 코와 음식을 먹는 입이 있다.

식물은 광합성의 원료인 이산화탄소를 공기로부터 끌어들이는데, 식물체에는 콧구멍 같은 것이 없다. 그렇다면 식물은 광합성의 원료를 어떻게 끌어들일까?

"식물체에 큰 구멍은 없지만 엽면에 작은 구멍, 즉 기공(氣孔)

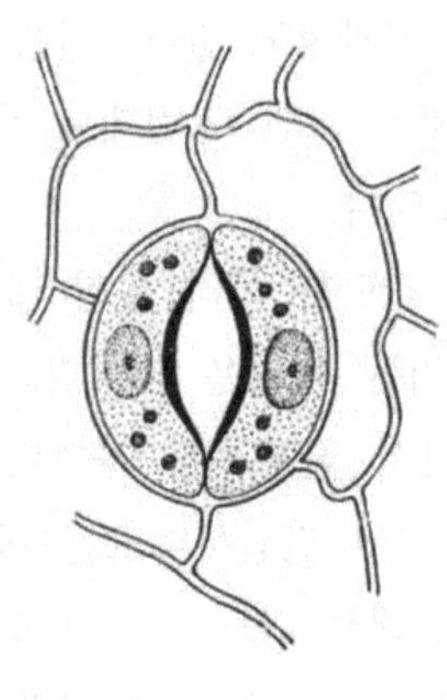

〈그림 35〉 기공

이란 것이 있다"는 것은 어린이들도 알고 있다. 중학생쯤 되면 기공은 주로 잎 뒷면에 있으며 기공 양측에는 공변세포(孔邊細胞)가 있다고 말할 것이고 고등학생, 대학생쯤이면 다음과 같이 말할 것이다.

"보통 표피세포(表皮細胞)에는 엽록체가 없고 공변세포에만 엽록체가 들어 있으므로 광합성은 이곳에서 이루어진다. 광합성으로 당이 생기게 되면 공변세포의 삼투압(滲透壓)이 높아지기 때문에 그 주위에 있는 세포로부터 물을 끌어들인다. 따라서 흡수를 한 공변세포는 팽창되기 때문에 공변세포 사이에 있는 기공이 열리게 된다. 그래서 기공은 대낮에는 열리고 밤에는 닫힌다."

학교에서 배운 것을 까맣게 잊어버렸거나, 금시초문인 독자는 굳이 이것을 외울 필요가 없다. 기공의 개폐란 것은 이렇게 간단한 것이 아니기 때문이다. 그렇다고 이 내용이 모두 틀렸다는 것도 아니다. 공변세포가 물을 흡수하고 팽창이 되면 기공이 열리는 것은 사실이다. 그런데 공변세포가 팽창하면 왜 기공이 열리는가? 양측의 세포가 팽창하면 세포 사이의 틈(기공)이 도리어 좁혀지지 않겠는가?

어린이가 고무풍선을 2개 사서 불어 보았다. 그중 하나는 길쭉한 프랑스빵처럼 똑바로 불었는데 다른 하나는 바나나처럼 구부러졌다. 어린이는 다시 불어 보았다. 역시 구부러들었다. 자세히 살펴보았더니 구부러든 쪽, 즉 안쪽의 고무가 바깥쪽보다 두꺼웠다. 그래서 균일하게 늘어나지 않고 한쪽이 휘어들었다. 요컨대 되다 만 불합격품이었던 것이다.

기공 양측에 있는 공변세포는 되다 만 풍선과 같은 것이다. 현미경으로 보면 공변세포의 안쪽(기공을 향한 쪽)에 있는 막이 유난히 두껍다. 그래서 공변세포가 물(H_2O)을 흡수하면 서로 등 쪽으로 휘어들어 간극이 생긴다. 이것이 기공의 개공(開孔) 메커니즘이다.

반대로 공변세포로부터 물이 빠져나가면 세포가 수축되어 원상태로 되돌아간다. 따라서 세포와 세포 사이의 틈이 좁아진다. 이렇게 해서 기공이 닫힌다.

이와 같이 기공의 개폐가 이루어지는데, 그러면 기공은 공장문처럼 낮에는 열려 있고 밤에는 닫히는 것일까? 앞서 말한 대로 "광합성으로 당이 생겨나면 삼투압이 높아져 물을 흡수한다"고 생각한다면 그런 이야기가 된다.

기공의 개폐 시간

다윈은 1893년 기공의 개폐에 대해 자세히 관찰해 보았다.

그에 의하면 75종류의 식물 중 11종류는 밤에도 기공이 열려 있었다고 한다. 또한 그 후 1920년 불가슈타인이 밤 9시~10시 사이에 기공의 개폐를 조사했더니 43종류의 식물 중 약 10종류는 기공이 열려 있었다고 한다.

일본의 히비노(日比野) 씨는 1954년 기공의 개폐 시각을 면밀히 살폈다. 수련(睡蓮)의 기공은 밤낮없이 열렸다 닫혔다 하고, 작두콩의 잎은 그 기공이 대낮에는 항상 열려 있는데 그것이 열리기 시작하는 시각은 새벽 2시경부터다. 벼의 기공은 낮에 한두 시간 동안만 열려 있고 그 밖에는 빛이 쪼여도 닫혀 있다. 또 카틀레야의 일종은 여느 식물과는 달리 기공이 낮에는 닫히고 밤에만 열린다. 그래서 성급한 독자는 '기공의 개폐가 빛과 관계가 없다면 시험 때 그렇게 고생스레 외운 것도 소용없다는 말인가?' 하고 아쉬워할 것이다. 사실 빛은 기공의 개폐와 직접적인 관계는 없으나 그렇다고 전혀 관계없는 것은 아니다. 이것은 카틀레야를 재료로 해서 실험적으로 확인할 수 있다.

카틀레야의 일종인 어느 식물의 경우, 낮에 기공이 닫혀 있는 것을 밝은 곳으로부터 암실 안에다 옮겨 놓아도, 즉 빛의 조건을 바꾸어도 기공은 닫힌 그대로다. 그러나 밤이 되면 닫혀 있던 기공이 암실 안에서 열리기 시작한다. 그리고 열린 기공은 낮이 되면 암실 안에서도 다시 닫힌다. 다음 날에도 암실 안에서 밤에는 열리고 낮에는 닫힌다.

그러나 계속해서 암실 안에 두면 점점 기공의 개폐작용이 둔화된다. 이것을 암실로부터 밖으로 내놓고 일단 빛을 쬐인 다음 다시 암실 안에다 두면 이전처럼 기공의 개폐를 되풀이한다. 이상의 실험 결과는 "기공은 빛이 없어도 개폐가 가능하기는 하지만 규칙적인 개폐를 되풀이하려면 역시 빛이 필요하다"는 것을 의미한다. 따라서 잎에 빛을 쬐인다는 것은 멈춘 시계의 태엽을 감아 주는 것과 같다.

즉 식물은 명암과는 관계없이 자신의 리듬에 따라 기공을 열었다 닫았다 한다. 기공이 열려 있는 시간이나 닫혀 있는 시간의 길이, 그 개폐의 주기는 식물의 종류에 따라 제각기 다르다. 이들 중에서 우연히 12시간의 주기를 가지고, 게다가 열려 있는 시간이 낮 시간과 겹쳐 있는 식물이 있다면 공장 문처럼 '낮에는 열어 놓고 밤이면 닫을' 것이다.

한마디로 공장이라 하지만 작업 양식이 제각각 다르다. 대다수의 공장에서는 낮에 원료를 들여오는 것이 일반적이다. 그러나 공장 형편에 따라 이른 아침 기계를 돌리기 전에 원료를 들여오는 곳도 있고 한밤중에 원료를 들여오는 곳도 있다. 밤에 원료를 들여오는 공장은 낮에는 트럭이 드나드는 문을 닫아 놓는다. 마찬가지로 강낭콩 잎의 기공이 새벽 2시에 열리기 시작한다 해서, 또 카틀레야의 기공이 밤에만 열리고 낮에는 닫힌다 해서 그렇게 신기한 것이 아니다.

그보다는 다윈 이후 여러 사람들에 의해 밤에도 기공이 열릴 수 있다는 사실이 알려졌는데도, 대부분의 사람들이 기공은 낮에 열리고 밤에는 닫힌다고 생각하는 것이 도리어 이상한 현상이다. '기공의 개폐에 대해 알고는 있었으나 그냥 암기에 그치고 말았다'고 하는 사람에게는 생물에 관한 이야기가 잘 먹혀들지 않을지도 모른다.

얼마 전 저자가 미국에 있을 때다. 같은 아파트에 일본에서 건너온 교수가 있었다. 그는 전자공학을 전공하는 학자였는데 저자가 식물에 대한 연구를 하러 왔다고 하자 눈이 휘둥그레져 식물학에 관한 질문을 퍼붓는다.

처음에는 그저 '젊어 보이는데, 집에서 꽃밭을 가꾸면서 즐기는 친구려니' 하고 적당히 상대를 했다. 그런데

"전자공학에서는 컴퓨터도 그렇고 인공위성에 대해서도 인간이 생각할 수 있는 것은 거의 생각해 낸 것 같다. 앞으로는 생물체를 파고들어 힌트를 얻어 내야 할 것이다. 대학 때 좀 더 착실히 생물학 강의를 들어 둘걸…"

하면서 회포를 털어놓는다. 듣고 있는 동안 새삼 생물의 위대함을 통감하면서 생물학 연구가 아직 이들에게 도움이 될 만큼 발전되지 못했음을 개탄한 적이 있다.

체내시계

이야기가 좀 빗나갔지만 어쨌든 기공은 일정한 리듬으로 개폐운동을 되풀이한다. 왜 기공이 열렸다 닫혔다 하느냐는 질문은

'왜 숨을 쉬고 있느냐?'

는 질문만큼 어렵다. 만일 '호흡을 하느라고…' 식의 답변을 해도 좋다면 "광합성을 하느라고, 물을 증발시키느라고 공변세포가 열렸다 닫혔다 한다"고, 요는 식물이 살기 위해 그렇게 하는 것이라고 답해도 될 것이다.

어떤 식물은 12시간 주기로, 또 다른 식물은 8시간 주기로 기공을 열었다 닫았다 한다. 식물체에는 기공 말고도 잎의 개폐 운동 등 외부의 조건과는 관계없이 고유의 리듬으로 운동하는 것이 상당히 많다. 이런 것을 **체내시계**(體內時計)라 부르는데,

〈표 4-1〉

	장경(㎜)	단경(㎜)
강낭콩	7/1000	3/1000
옥수수	19/1000	5/1000
해바라기	22/1000	8/1000
보리	38/1000	8/1000

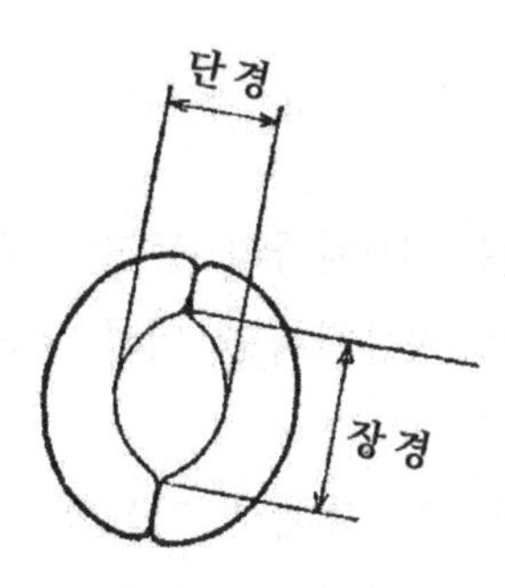

식물은 시계가 없이도 몸으로 시간의 흐름을 느낀다. 그 느낌에 따라 작업을 시작했다 중단했다 한다. 기공의 개폐도 이같이 체내시계의 일종으로 볼 수 있다.

그런데 기공이 개폐하는 설명도를 보거나 엽록체를 함유한 공변세포가 물을 흡수하고 뒤로 젖혀진다는 등의 설명을 들으면 기공이라는 것이 상당히 큰 것처럼 느껴질 것이다. 그러나 기공은 〈표 4-1〉과 같이 몇백분의 1㎜라는 대단히 미세한 구멍이다.

이렇듯 하나하나의 기공은 상당히 작은 것이지만 그 수는 대단히 많다. 손가락 한 마디만 한 넓이의 잎 안에는 3,000~5,000개의 기공이 깔려 있다. 그러므로 전부 열려 있는 기공의 넓이를 합산해 보면 잎 넓이의 1.5%나 된다. 이를테면 성숙한 옥수

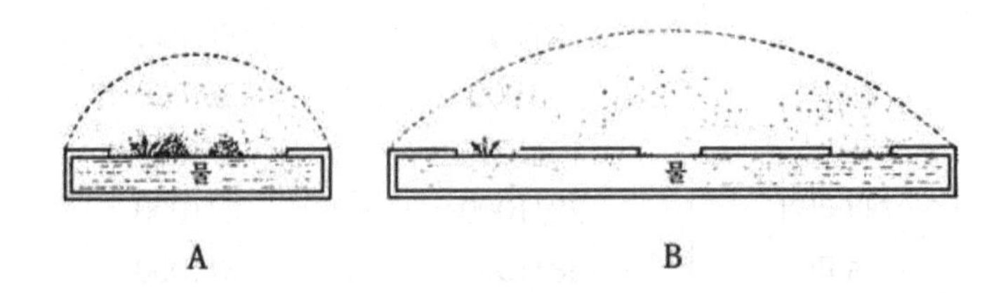

〈그림 36〉 작은 구멍으로 여러 개 나누어야 증발이 더 잘 된다

수 잎사귀 한 장에는 10원짜리 동전만 한 구멍(기공)이 있는 셈이다. 이를 인체에 비유한다면 입과 코의 구멍을 합친 것만 하다.

식물은 미세한 기공을 통해서 이산화탄소를 흡수하고 산소, 수증기 등을 방출한다. 얼핏 생각하기에는 '눈으로 볼 수 없는 작은 구멍이 많은 것보다는 10원짜리 동전만 한 구멍이 하나 있는 편이' 기체 교환반응이 빠를 것같이 여겨진다. 그런데도 식물이 이처럼 작은 구멍을 여러 개 지니는 점으로 보아 그럴 만한 이유가 있을 것이다.

다시 간단한 물리 실험의 예를 들어 보자. 〈그림 36〉과 같이 구멍의 전체 넓이가 같을 경우 하나는 큰 구멍 한 개만으로, 다른 하나는 작은 구멍 여러 개로 되어 있다면 어느 편이 물을 더 많이 증발시키겠는가? 실험 결과에 의하면 여러 개의 작은 구멍으로 된 것이 한 개의 큰 구멍으로 된 것보다 물의 증발이 더 빠르다. 이것은 물 분자가 공기 중으로 빠져나가기가 더 쉽기 때문이다. 다시 말해서 구멍이 크면 증발하는 물 분자의 확산층(擴散層)이 겹치게 되어 물 분자들이 수면 가까이 머물러 있기 때문이다.

후버는 1930년에 다음과 같은 실험을 했다. 넓이가 같은 2개의 배양접시에다 물을 담아서 한쪽은 그대로, 다른 쪽은 여러 개의 미세한 구멍이 뚫려 있는 막으로 덮어 놓고 증발량을 측정해 보았다. 그 결과 막에 뚫린 구멍의 직경이 0.05㎜, 그리고 그 작은 구멍들의 총면적이 전체 넓이의 3.2%가 되도록 했을 때 직접, 즉 막으로 덮지 않은 수면에서 증발하는 양의 72%를 증발시켰다. 즉, 100분의 3인 넓이로 100분의 70에 해당하는 물을 증발시킨 것이다. 그러므로 넓이가 같은 경우 여러 개의 작은 구멍으로 되어 있는 것에서 물이 더 빨리 증발한다.

'식물에도 코나 입이 있다면…' 하는 생각은 노파심에 지나지 않음을 알 수 있다.

5장
광합성의 생산 과정

방공호의 표지

'또 밤중에 일어나게 될 테니 일찍 자자.'

'하지만 저 쌀에 섞여 있는 이상한 씨를 골라내야지.'

이런 말이 오가던 때가 있었다. 2차 대전이 끝날 무렵 도시에는 거의 밤마다 B-29가 날아왔고 식량이라야 고구마와 콩이었다. 그리고 이따금 주는 배급 쌀에는 시커먼 씨가 섞여 있었다. 그래도 이런 것을 얻어먹으면서 그럭저럭 굶지 않고 살았다.

그런 시대였건만 그래도 과학 연구는 중단되지 않았다. 과학 중에서도 공학을 하는 사람은 군함, 비행기, 총에 대한 연구를, 화학자는 화약, 가스, 식품 등의 연구를 하는 식으로 각각 자기 전공에 가까운 분야에서 이른바 전시산업(戰時産業)에 관한 연구를 했다.

그러나 과학자 중에서도 송사리 알이나 식물 잎 등을 연구하는 사람은 전시산업과 직결되는 연구과제가 별로 없었다. 그래서 연구실을 시골로 옮겨 조촐하게 일을 계속했다. 그런데 때마침 알맞은 연구과제가 나타났다. 즉 방공호 표지(防空壕標識)에 대한 연구였다.

그 당시에는 군 관계 시설은 물론 각 가정 앞마당에도 방공호를 파야만 했는데, 낮에는 그렇다 쳐도 한밤중에 공습경보를 듣고 뛰어나가 손으로 더듬어 가면서 방공호를 찾아 들어가려면 상당한 숙련이 필요했다.

'밖에서 담배를 피우면 비행사에게 발각된다. 밤에 불빛이 새나가게 하는 사람은 간첩이다' 하면서 날뛰던 때인지라 방공호 입구에 등불을 켠다는 것은 엄두도 못 냈다.

〈그림 37〉 냉광의 이용

그래서 "비행기에서 보이지 않을 정도로 희미한 불빛을 방공호 입구에 달아 놓는 방법은 없을까? 물론 비용이 들지 않을수록 좋다" 하는 필요성은 군사시설의 경우 더욱 절실했다.

이때 누구의 착상인지는 모르나 바로 이것이라고 외친 것이 '빛을 내는 생물'이었다. 반디나 물고기, 오징어 등이 내는 빛은 그렇게 밝지도 않거니와 방출하는 열도 없다. 게다가 비용도 들지 않는다. 가난한 나라로서는 안성맞춤이다. 그러나 생체에서 발광하는 부분만 떼어 낸다는 것은 그렇게 쉽지가 않다. 그렇다고 발광어(發光漁)를 방공호 입구에 매달아 놓을 수도 없는 노릇이다.

그런데 발광 박테리아 세균류 중에는 산소가 있을 때만 빛을 내는 것이 있다. 방공호 입구 또는 안에다 이 세균을 번식시키면 항상 희미한 불빛이 비칠 것이다. 따라서 발광되는 메커니즘을 밝혀내면 석유나 전기를 쓰지 않는 불빛을 만들 수가 있을 것이다.

이렇게 유난히 밝지도 않고 뜨겁지도 않은 불빛에 대한 연구가 시작되자 2차 대전은 끝났고 B-29도 날아오지 않았다. 빈곤한 사람들의 고육지책(苦肉之策)이긴 하지만 훌륭한 이 아이디어는 일본의 패전과 더불어 자취를 감추어 버렸다. 하기야 전쟁이 막바지에 이르렀을 때 밤이면 건조된 바다반디를 물에 적셔 지도나 서류를 읽었다는 이야기도 있다.

이 냉광(冷光)과 그 발광 메커니즘을 요즘 다시 실내조명용으로 연구하기 시작했다.

몰리쉬의 실수

"산소가 있으면 발광 박테리아는 빛을 낸다"고 식물연구사(植物硏究史)에 처음으로 실은 사람은 몰리쉬였다. 그는 당의 정성시험에 있어 몰리쉬 반응이라는 독특한 착상을 했으며 여러 식물생리학자 중에서도 뛰어난 사람이다.

그는 '살아 있는 잎만이 광합성을 하는 것일까?'를 알아보기 위해 1925년 쐐기풀 잎을 말려서 가루로 만들어 발광 박테리아가 들어 있는 시험관에 넣고 밀봉했다. 처음에는 그 시험관이 빛을 냈다. 그러나 차츰 빛이 희미해지면서 얼마 안 가 아예 없어졌다. 이것은 발광 박테리아의 호흡으로 시험관 내에 있는 산소가 전부 소모되었기 때문이다.

몰리쉬는 빛을 내지 못하는 발광 박테리아에 빛을 쬐여 주면 다시 발광한다는 것을 알고 있었기에, 밀봉된 시험관 근방에서 성냥을 그어 빛을 쬐였다. 그 결과 시험관은 성냥불이 꺼진 후에도 암실에서 한동안 빛을 내고 있었다. 이를 보고 몰리쉬는

'마른 잎의 분말에서도 광합성이 일어난다'

는 결론을 내렸다.

분말로 된 잎에서 광합성이 일어난다면 그릇 안에서도 유기물을 만들어 낼 수 있다. 당시는 이 몰리쉬의 실험을 믿으려드는 사람들이 별로 없었다. 그래서 '잎을 말렸다지만 말리다만 것이 아니냐?' 또는 '시원찮게 분쇄하면 세포가 더러는 그대로 남지 않겠는가? 남아 있던 세포가 산소를 방출한 것이 아니겠는가?' 등 많은 의혹을 자아냈다.

그 후 10여 년이 지난 1938년, 힐은 혈액 속에 있는 헤모글로빈이 산소가 조금만 있어도 그와 결합해서 특수한 광흡수대(光吸收帶, 575mμ과 540mμ)를 형성하는 성질을 이용하여 몰리쉬의 실험을 추시(追試)해 보았다. 그 결과 "가루가 된 세포도 빛을 쪼이면 산소가 생겨난다"는 사실을 확인하게 되었다. 즉, 몰리쉬의 실험은 옳았던 것이다. 이것은 광합성 연구에 있어 엄청난 발견이었기 때문에 그 후 이것을 '몰리쉬-힐 반응'이라 불렀다.

그런데 '마른 잎의 분말에서도 광합성이 일어난다'는 몰리쉬의 결론은 잘못된 것이다. 구체적으로 말하자면 분말 잎에 빛을 쬐여 주면 '산소를 방출한다'는 것은 옳았다. 하지만 '광합성을 일으킨다'고 결론을 내린 것은 잘못이다. 그 이유는 차차 알게 되리라 생각한다.

식물의 생산과 소비

식물이 광합성을 하려면 빛이 있어야 하므로 빛이 없는 곳에서 광합성을 하지 않는 것은 당연하다. 그리고 밤이 되면 식물은 우리들처럼 호흡을 한다.

광합성과 호흡에 있어 중요한 물질인 당 등의 탄소화합물은 광합성에 의해서 합성되고 호흡에 의해서 분해된다. 따라서 광합성과 호흡을 하는 식물은 생산을 하면서 소비를 하지만, 동물은 한결같이 소비 생활만 한다.

더구나 식물은 광합성으로 만든 탄소화합물을 녹말 등의 형태로 저장하기도 한다. 이와 같이 건전한 생활을 하는 식물도 야간에는 소비 생활만으로 살아간다.

광합성이 이루어지면 이산화탄소가 흡수되는 한편 호흡이 이루어지면 이산화탄소가 방출된다. 그러므로 광합성과 호흡은 CO_2의 흡수와 방출로 바꾸어 말해도 된다. 일반적으로 식물은 밤에는 CO_2를 방출하고 낮에는 CO_2를 흡수하는 것으로 생각하는데 이 점에 대해 좀 더 자세히 알아보자.

어두운 밤 앞마당에 한 그루의 나무가 서 있는 정경을 상상해 보자. 그 식물은 조용히 호흡을 하고 있다. 즉 잎에서 공기 중의 O_2를 흡수하고 CO_2를 방출한다. 먼동이 트기 시작하면

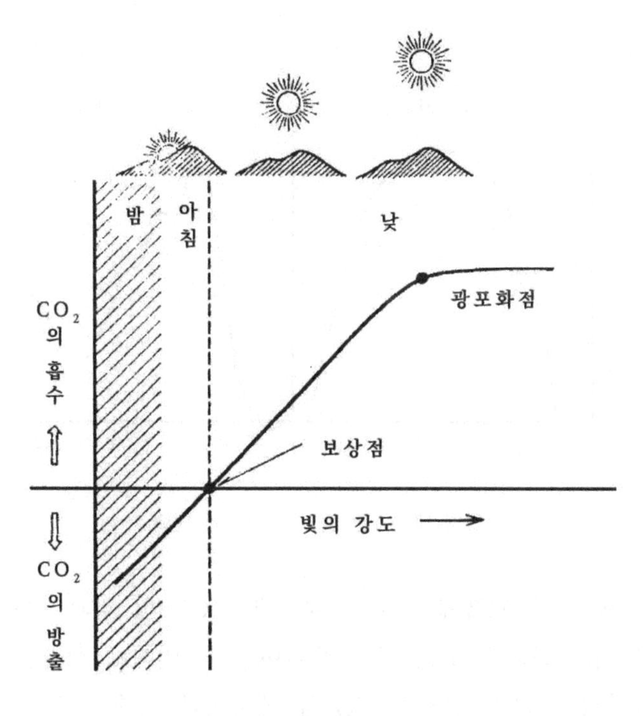

〈그림 38〉 광합성의 보상점

새들이 지저귀고 첫차를 타려는 사람들이 허둥지둥 달려간다. 이때까지도 식물은 호흡만 한다. 드디어 건너편 숲속이 밝아지면서 쟁반만 한 햇덩이가 서서히 떠오른다. 비로소 식물 잎 안에 도사리고 있는 광합성 공장의 기계가 소리 없이 돌기 시작하여, CO_2를 흡수하면서 당을 만들기 시작한다. 그러나 그 생산량은 보잘것없는 것이어서 잎의 기공에서는 아직도 CO_2가 나가고 있다. 아침 햇살이 반짝거리면서 엽면에 쪼이기 시작하면 기계의 회전 속도는 더욱 빨라지고 흡수되는 CO_2의 양도 갑자기 많아진다.

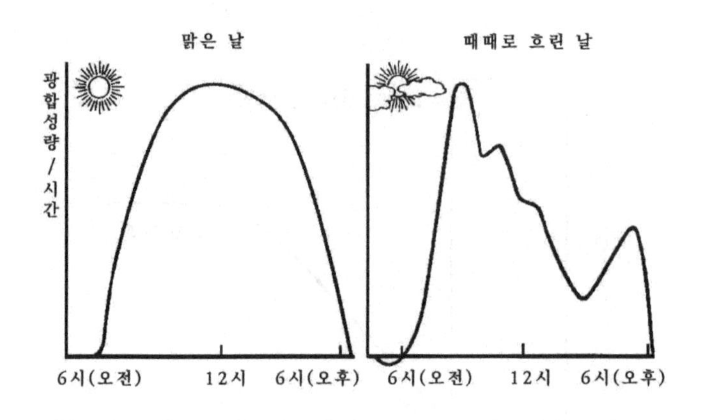

〈그림 39〉 1일 중 광합성량의 변화

이렇게 되어 호흡에 의해서 배출되는 CO_2의 양과 광합성에 의해서 흡수되는 CO_2의 양이 똑같아진다. 이때도 식물은 호흡과 광합성을 하고 있지만 CO_2의 배출이나 흡수가 전혀 없는 상태가 된다. 그래서 이러한 점을 보상점(補償点)이라 부른다(그림 38). 마치 월급을 다달이 타지만 매달 같은 액수의 생활비가 나가기 때문에 한 푼도 남지 않는 경우와도 같다.

태양이 높이 떠올라 감에 따라 햇볕은 더욱 강해진다. 햇볕이 강하면 강할수록 광합성의 능률도 더욱 높아져 간다. 그래서 광합성에 의한 CO_2의 흡수량이 대폭 늘어나게 되면 호흡으로 배출되는 CO_2량은 비교도 안 될 정도가 되어, 식물이 낮에는 CO_2의 흡수만을 하는 듯이 보인다.

그러나 햇볕이 점점 강해져 어느 강도가 되면 그 이상 광합성량이 늘지 않는다. 즉 어느 강도를 넘은 햇볕은 광합성에 관여하지 않고 남아돈다. 그래서 이 점을 광포화점(光飽和點)이라고 부른다(〈그림 38〉 참조). 예를 들면 여름철 햇볕의 강도는 30,000lux 이상인데 광포화점은 10,000lux 정도다. 따라서 삼복더위 때는 오전 중에 이미 광포화점에 도달한다.

아침나절부터 해가 넘어갈 때까지 매시간마다 CO_2의 흡수량을 측정해서 그래프로 그려 보면 맑은 날에는 부잣집 무덤 같은 곡선이 되고, 흐린 날에는 종잡을 수 없는 복잡한 곡선이 된다(그림 39). 이것은 광합성 기계가 햇볕의 강도에 따라 자동적으로 빠르게 혹은 느리게 돌면서 탄소화합물을 합성하기 때문이다.

빛과 동시에 온도도

이 이야기를 읽고 CO_2의 흡수, 즉 광합성을 빛에만 결부시키는 것은 속단이 아니냐고 생각하는 독자는 만사에 신중한 사람일 것이다.

이를테면 채송화는 해 뜨는 시각과 때를 같이해서 피어난다. 그래서 채송화는 빛의 영향을 받아서 피는, 즉 경광성 운동(傾光性運動)을 하는 것으로 알려졌고 백과사전에도 그렇게 기록되어 있었다.

그런데 어느 중학생이 저녁때 채송화 포기를 빈 깡통으로 덮어 두었다가 이튿날 아침나절에 열어 보았다. 만일 채송화가 빛을 받아야만 피는 것이라면 가려졌던 채송화는 피지 않았어야 한다. 그러나 깡통을 씌웠던 채송화는 여느 것과 다름없이 피어 있었다. 백과사전의 실수였다. 그 후 채송화는 빛에는 관계가 없고 온도 상승의 영향을 받아 개화되는 것으로 정정되었다.

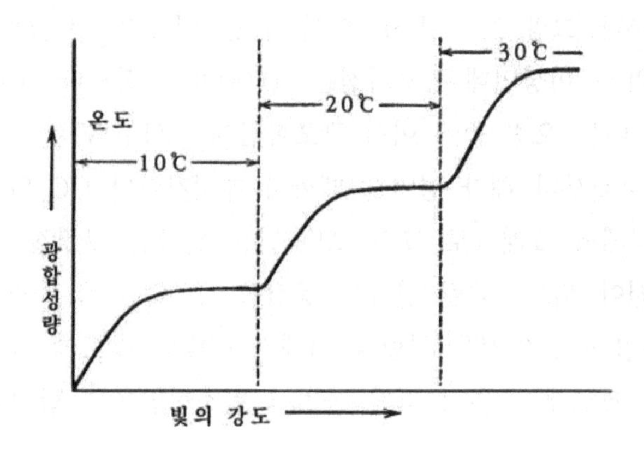

〈그림 40〉 온도와 빛의 영향

〈그림 39〉의 광합성 곡선은 그날의 기온 변화 곡선과 비슷하다. 그러므로 '광합성량은 기온에 따라 변하는 것이 아닐까?' 하고 한번 의심해 볼 만도 하다. 그런데 이 문제는 1911년 블랙먼이 이미 해결했다. 그는 온도와 빛의 강도를 몇 단계로 나누어 식물의 환경을 다르게 하면서 광합성의 영향을 조사했다.

먼저 식물이 들어 있는 실험실의 온도를 10℃로 유지해 놓고 빛을 점차 강하게 하면, 광합성량은 빛의 강도에 비례해서 증가하다가 이윽고 광포화점에 도달한다. 이 이상의 강한 빛은 이용이 안 된다. 다음으로 실험실 온도를 20℃로 높이면 다시 광합성량은 빛의 강도에 비례하면서 증가하다가 또 광포화점에 도달한다. 이번에는 30℃로 높이고… 하는 식으로 살펴서 그래프로 그린 것이 〈그림 40〉이다.

즉 동일 온도의 경우 빛이 약할 때는 빛이 광합성량을 좌우하게 되고 빛이 강할 때는 온도가 광합성량을 좌우한다. 그래프(그림 40)에 있어 점선에 해당되는 부분이 바로 광합성을 한정하는 빛의 강도이고, 수평 부분에서의 한정요인은 온도이다. 요약해 보면 광합성의 진행에는 빛은 물론 온도도 관계를 한다. 이것이 블랙먼의 한정요인설(限定要因說)이다.

다시 필름의 노출 이야기로 되돌아가 보자. 사진을 찍을 때 셔터를 누르면 렌즈로부터 들어온 빛이 필름 막 표면의 약품에 어떤 변화를 일으킨다. 이때의 화학반응은 광화학반응이므로 온도와는 관계가 없다. 필름의 설명서를 보면

'맑은 날: 조리개 11, 1/200초, 흐린 날: 조리개 8, 1/200초'

등 기온에 대해서는 아무런 지시가 없다.
만일 이때의 화학반응이 여느 화학반응처럼 온도의 영향을 받는다면

'영하에서는 몇 초, 5~10℃에서는 몇분의 1초, 30℃ 이상에서는 몇백분의 1초…'

등의 지시가 쓰여 있을 것이다. 다만 '여름에는 겨울보다 조리개를 한 단계 더 열 것'이라고 쓰여 있는 것은 여름에는 햇볕이 겨울보다 더 강하기 때문이다.

셔터를 열어서 빛에 노출시킨 필름은 현상되어야 상이 나타난다. 그러나 이 과정은 온도의 영향을 예민하게 받는다. 이것은 일반적인 화학반응이기 때문이다.

만일 광합성 과정에 있어 사진필름의 경우처럼 광화학반응과 열화학반응이 포함되어 있는 것이라면 광합성은 빛과 열의 두 가지 영향을 받아야 하지 않겠는가. 그런데 '만일'이 아니라 광합성의 전반은 틀림없는 광화학반응이고 후반은 열화학반응이

〈표 5-1〉

회전수/분	광합성의 증가
(연속광)	100
20	140
200	157
2,000	176
8,000	200

다. 이 두 과정을 거쳐야만 탄소화합물이 합성된다.

조광의 간헐

결론을 서두르는 것 같지만, 빛을 단속시켰을 때는 어떻게 되는가? 이에 관련된 흥미 있는 실험을 하나 들어 본다. 녹색식물에다 빛을 비추었다 끊었다 하는 실험이다.

〈그림 41〉과 같은 장치를 마련하고 모터의 회전으로 식물에 대한 명암 시간이 단속되도록 한다. 이때 모터의 회전이 빠를수록 명암의 시간이 짧아진다. 또 차광판의 넓이를 다르게 하면 명암 시간의 길이가 조절된다.

이렇게 해서 동일한 광량을 연속적으로 쪼였을 경우와 간헐적으로 쪼였을 경우, 그 광합성량이 어떻게 달라지는가를 실험해 보았다. 다음 〈표 5-1〉은 그 결과다. 즉 1분 동안 8,000번의 간헐광을 쪼였을 때는 연속광을 쪼였을 때보다 광합성량이 꼭 두 배로 늘었다.

사진을 촬영할 때 쓰이는 스트로보나 네온 방전관을 이용하면 더욱 짧은 간헐광의 효과를 알아볼 수 있다. 최근에 알려진

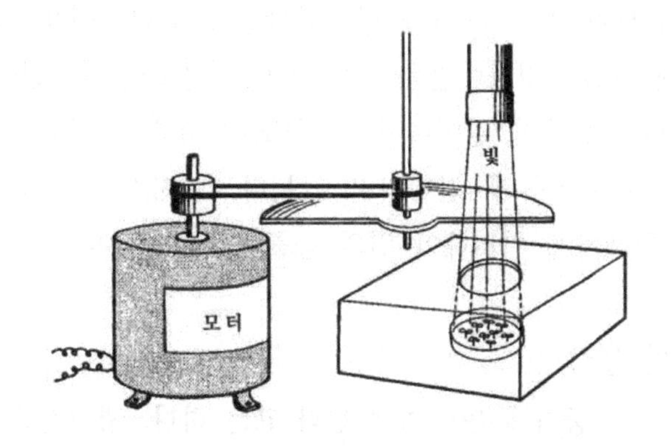

〈그림 41〉 간헐광의 조사 방법

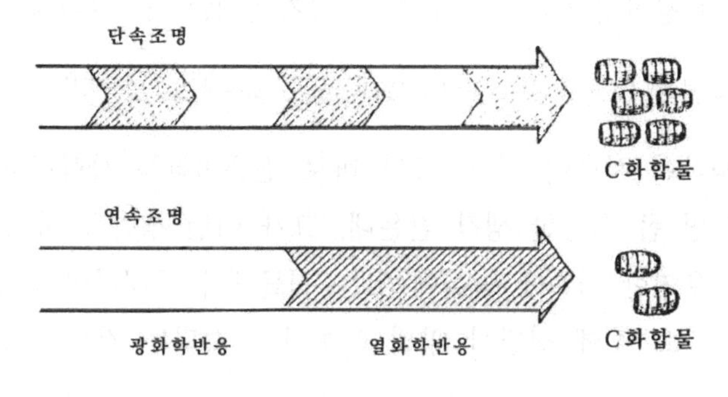

〈그림 42〉 간헐광과 광합성량

바로는 광합성을 추진하는 데 필요한 빛의 단속 시간은 10만분의 1초면 족하다고 한다.

이 단속광의 실험 결과는 광합성 과정에 있어 사진의 경우처럼 광화학반응과 열화학반응이 내포되어 있음을 시사한다. 즉 광화학반응에 의하여 어떤 물질이 형성되면 그 물질을 이용해서 열화학반응이 추진되어 탄소화합물이 된다. 이때 광화학반응에 뒤따르는 열화학반응에서 이용될 물질이 채 없어지기도 전에 광화학반응이 일어나서 그 물질이 계속 축적되면 광합성이 도리어 순조롭게 진행되지 않는다. 만사가 그러하듯이 한 가지씩 차례차례 처리해야 일의 능률이 높을 것이다.

엉뚱한 생각

'매사는 신중하게 판단해야 한다'고는 하나 '광합성은 어두운 곳에서도 이루어질 수 있지 않겠는가' 하고 생각한다면 그건 좀 지나친 생각이다. 빛을 이용해서 합성이 되기 때문에 이것을 광합성이라 부르는 것이다. 어두운 곳에서 합성이 되는 것이라면 광합성이라고 부를 수가 없지 않겠는가. 그런데

'식물이 CO_2를 흡수할 때 빛이 필요 없는지도 모른다'

고 생각한 사람이 있다. 그가 바로 벤슨이라는 사람이다. 어떻게 보면 좀 엉뚱한 생각 같은데, 그가 이런 생각을 하게 된 동기는 우연한 기회에 암실에 있는 식물에다 플래시의 불빛을 쬐였더니 그 후에 상당한 양의 CO_2가 흡수되는 것을 발견한 것이다.

1949년 벤슨은 빛과 CO_2를 식물에 따로따로 공급하여 그 생각이 사실인지를 확인하려 했다. 즉 CO_2가 없는 상자 안에 식물을 넣고 빛을 쬐여 보았다. CO_2가 없기 때문에 식물은 빛을 흡수하는데도 탄소동화를 하지 못한다. 다음으로 이 식물을 CO_2가 들어 있는 암실로 옮겨 보았다. 그의 예상적인 실험은 정확히 맞아 떨어졌다. 즉 CO_2가 없는 곳에서 빛을 흡수하는

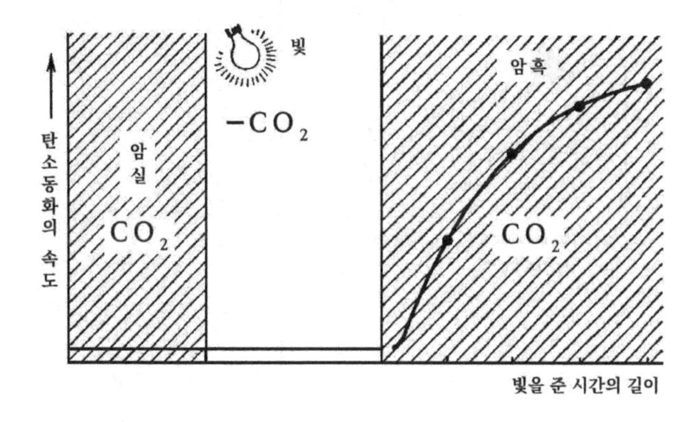

〈그림 43〉 벤슨의 실험

식물이 어두운 곳에서 탄소동화를 했던 것이다.

이 기발한 생각은 아무나 할 수 있는 것이 아닐 것이다. 후에 들어 보면 마치 콜럼버스의 달걀 이야기처럼 아무것도 아닌 것 같으나 '식물이 어두운 곳에서 탄소동화를 할 것이다'라는 착상, 또 그것을 교묘한 방법으로 확인해 내는 재간, 모두 천재가 아니고는 어려운 일이다. 그럼 벤슨의 실험 결과를 정리해 보자(그림 43).

① CO_2가 있어도 빛이 없으면 식물은 광합성을 하지 못한다. 이것은 당연하다.

② 빛을 흡수해도 CO_2가 없으면 식물은 광합성을 하지 못한다. 이것도 당연하다.

③ CO_2가 없는 곳에서 빛을 흡수한 식물은 어두운 곳에서 탄소동화를 한다.

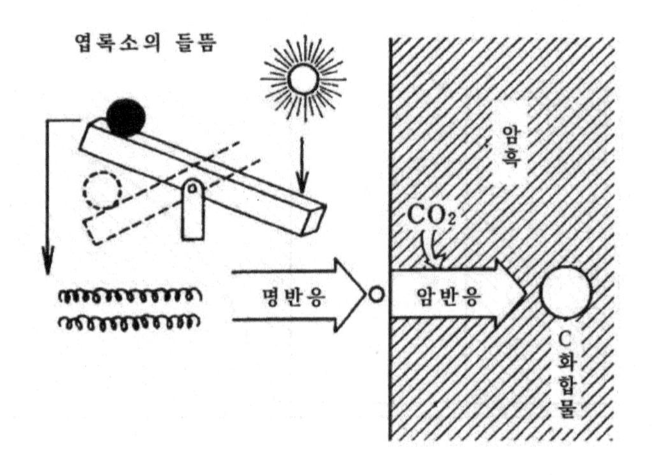

〈그림 44〉 명반응과 암반응의 의미

이것이 바로 그의 위대한 발견이다. 다시 그는 이 실험 결과를 토대로 다음과 같은 명확한 결론을 내렸다.

"식물이 광합성을 할 때는 먼저 빛을 이용하여 어떤 물질을 만든다. 이 물질이 있기만 하면 식물은 어두운 곳에서도 탄소동화를 한다."

앞에서 "광합성의 전반 과정에서 어떤 물질이 생겨난다"고 한 것은 바로 이 벤슨의 착상을 잠깐 빌렸던 것이다. "빛에 의해서 어떤 물질이 생겨난다"는 것은 이른바 광화학반응이며 근래에 와서 명반응(明反應)이라 부른다. 또 "그것이 생겨 있기만 하면 어두운 곳에서도 CO_2를 흡수해서 탄소화합물을 만든다"는 것은 열화학반응, 즉 암반응(暗反應)이라는 것이다(그림 44).

이 벤슨의 실험 결과와, 그리고 그의 명쾌한 결론은 그 후 광합성 연구에 유력한 길잡이 역할을 했다.

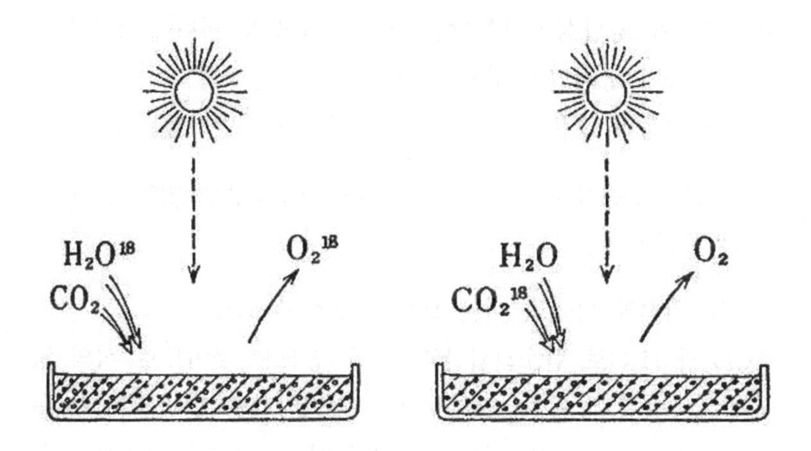

〈그림 45〉 루빈의 실험

산소의 신원 파악

광합성에 있어 또 하나의 중요한 발견이 루빈에 의해서 이룩되었다. 독자는 중학교 또는 고등학교 교과서에서 광합성의 전 과정을 화학반응식으로 표기한 것을 보았을 것이다. 즉

$$6CO_2 + 6H_2O \rightarrow C_6H_{12}O_6 + 6O_2$$

로 표시하고 있다. 이것을 간단하게 고쳐 쓰면

$$CO_2 + H_2O \rightarrow CH_2O + O_2$$

가 된다. 즉 이산화탄소와 물이 반응하면 탄소화합물과 산소가 된다. 그러나 이 식을 외웠다고 해서 광합성이 이해되는 것은 아니다. 이 식은 어디까지나 수지결산적인 것에 지나지 않는다. 중요한 것은 그 내용이다. 한 나라의 예산 문제만 해도 수지결산의 숫자가 아니라 그 예산이 어디에 얼마만큼 쓰였느냐가 중

요하다. 이 광합성의 반응식 중에는 무엇이 어디에 쓰였는지 전혀 내용이 명시되어 있지 않다.

가령 다음과 같은 질문에 독자는 어떻게 답변하겠는가?

"광합성 과정에서 방출되는 산소(O_2)는 CO_2 중의 것인가, H_2O 중의 것인가?"

바로 직전에 나왔던 식을 보면서 생각해 보자.

CO_2와 H_2O로 탄소화합물과 O_2를 만드는 것이므로 식의 양변에 있는 분자 수를 일치시키는 것만이라면 방출되는 O_2를 CO_2 중의 O_2로 생각하는 것이 보통이다. 더구나 CO_2의 C를 떼어 두고 O_2를 내버린다고 생각하면 간단하다. 또 CO_2의 O 하나와 H_2O의 O 하나가 한데 뭉쳐 O_2가 되어 방출된다고도 생각할 수 있다. 어쨌든 이 반응식으로는 방출되는 O_2의 신원을 알 수가 없다.

루빈(1941)이 문제로 삼았던 것이 바로 이 점이었다. 루빈은 당시 막 이용되기 시작했던 방사성 원소인 O_2로 산소의 출처를 캐내려 했다. 먼저 녹색식물인 클로렐라를 2군으로 나누고 그중 I군에는 $C^{18}O_2$와 H_2O를, II군에는 CO_2와 $H_2{}^{18}O$를 섞어 주고 이들 클로렐라에 빛을 쪼여 보았다.

그 결과 양쪽의 클로렐라가 모두 O_2를 방출했는데, I군의 클로렐라에서는 O_2를, II군의 클로렐라에서는 $^{18}O_2$를 방출했다. 이것은 클로렐라가 광합성을 할 때 방출하는 산소(O_2)가 CO_2의 O_2가 아니고 H_2O로부터 나왔음을 말한다.

그런데 광합성을 할 때 나오는 O_2가 H_2O에서 나오는 것이라면

$$CO_2 + H_2O \rightarrow CH_2O + O_2$$

의 광합성 화학반응식은 좀 불합리한 데가 있다. 좌변에 있는 H_2O의 O는 분명 하나밖에 없는데 우변에 나타나 있는 산소는 O_2로, O가 둘로 되어 있다. 그러므로 이 식은 광합성을 나타내는 식으로서는 좀 엉성한 데가 있다. 방출되는 O_2가 전부 물에서 떨어져 나오는 것이라면 H_2O의 O가 둘이어야 한다. 따라서 좌변의 H_2O를 $2H_2O$로 하면 우변에도 H_2O 한 분자가 더 있어야 양변의 원자 수가 같아진다. 즉

$$CO_2 + 2H_2O \rightarrow CH_2O + O_2 + H_2O$$

또는

$$6CO_2 + 12H_2O \rightarrow C_6H_{12}O_6 + 6H_2O$$

로 쓰는 것이 올바른 광합성의 반응식이다.

이처럼 광합성에서 방출되는 O_2가 H_2O의 O라는 것이 밝혀지기는 했으나 아직도 일부 학자들은 잘 믿으려 들지 않는다. 하지만 대부분의 식물생리학자들은 루빈의 학설을 지지하고 있다. 어찌됐든 벤슨과 루빈의 발견을 발판으로 광합성 연구가 크게 도약한 것만은 사실이다.

이야기 도중이지만 여기서 처음에

"우리가 다 알고 있는 것처럼 생각했던 것도 '그러고 보니…' 하고 새삼 깨닫는 것이 많다"

고 한 이야기를 다시 한 번 되새겨 주었으면 한다. 지금까지의 이야기를 읽고 '과연 그렇다!'고 솔직히 수긍하는 독자가 있다

면 저자가 이 책을 쓴 목적이 어느 정도 달성된 셈이다.

황을 내뿜는 세균

광합성이 일어날 때 식물이 실제로 산소를 방출하는지를 확인하려고 여러 학자들이 시도한 방법 중 몇 가지만 간추려 보면 다음과 같다.

① 호기성 박테리아(세균, 細菌)가 산소가 있는 곳으로 모여드는 것을 보고 산소가 방출된다고 판정했다. — 엥겔만

② 발광 박테리아가 산소가 있는 곳에서 빛을 내는 성질을 이용해서 산소 방출 여부를 살폈다. — 몰리쉬

③ 혈액 중에 있는 헤모글로빈에 산소를 공급하면 특수한 광흡수대를 형성한다. 이 특성을 이용해서 산소의 유무를 살폈다. — 힐

여기서 한번 어린이로 되돌아가 곰곰이 생각해 보자. O_2의 방출이 어째서 광합성과 관계가 있다고 보는가? 광합성은 빛을 이용하여 탄소화합물을 만들어 내는 것이므로 산소가 나온다는 것과는 본래 관계가 없을 것이다.

분명한 것은 산소가 나왔다 해도 탄소화합물이 생기지 않으면 광합성이 아니라는 것이다. 한편 산소가 나오지 않아도 빛을 이용해서 탄소화합물을 만들어 내면 그것은 어김없는 광합성이다. '산소를 내지 않는 광합성도 있는가?' 하고 이상하게 여기는 독자를 위해 19세기가 끝날 무렵 대단한 활약을 했던 엥겔만이라는 식물학자의 연구를 소개해 보자.

엥겔만은 박테리아 중에 녹색 또는 청색의 박테리아를 보고

〈그림 46〉 산소의 방출만이 광합성의 증거가 아니다

이들 박테리아도 고등식물처럼 광합성을 하는 것이 아닌가 하고 생각했다. 그런 생각이 든 것은 박테리아의 빛깔 때문만이 아니고 청색을 띤 황세균이 양분이라고는 전혀 없어 보이는 바위 표면에서, 그리고 햇볕이 내리쬐는 곳에서만 번식하고 있음을 알았기 때문이다.

그런데 이 박테리아는 빛을 쬐여 주어도 전혀 산소를 방출하지 않았다. 그래서 그는 '광합성을 하지 않고는 살 수가 없을 것이다'라는 굳은 신념을 갖고 이번에는 이산화탄소(CO_2)를 흡수하는지를 살펴보았다. 그의 착상은 적중했다. 즉 빛을 쬐여 주기만 하면 이 박테리아는 CO_2를 흡수하는데, 어둡게 해 주면 CO_2의 흡수가 중단된다.

그는 또 박테리아가 번식하는 곳에 노란 황(S)이 석출(析出)되어 있는 것을 보고 고등식물이 산소를 방출하듯이 이 박테리아는 황을 방출한다고 생각했다. 그렇다면 H_2O의 O 대신 황(S)이 들어 있는 황화수소(H_2S)가 이용될 것이라는 심증을 굳히고, H_2S가 있을 때와 없을 때의 상황을 살폈다. 아니나 다를까, H_2S가 없을 때는 빛을 쬐여도 CO_2를 흡수하지 않았다.

따라서 고등식물의 광합성을

$$CO_2 + 2H_2O \rightarrow CH_2O + O_2 + H_2O$$

이라 한다면, 이 황세균은

$$CO_2 + 2H_2S \rightarrow CH_2O + 2S + H_2O$$

의 광합성을 하고 황(S)을 석출하는 것이 된다. 즉 산소를 방출하지 않는 광합성도 있는 것이다.

또 이야기가 빗나갔지만, 광합성에 대해 알고자 하는 독자는 우선 O_2가 방출되는 것과 탄소화합물이 생성되는 것은 완전히 별도의 현상이라는 것을 이해해야 한다.

산소를 방출시키는 물질

전에 몰리쉬와 힐이 밝힌 바와 같이 분말로 된 식물 잎에 빛을 쬐이면 어김없이 산소가 나온다. 그런데 이 실험 도중, CO_2를 흡수하였는지 살펴보았더니 분쇄된 잎은 빛을 쬐여 줘도 CO_2를 흡수하지 않았다. CO_2가 흡수되지 않으면 탄소화합물이 합성되지 않으므로, 분쇄된 잎이 O_2를 방출한다 해도 그것이 광합성을 했다는 증거는 되지 않는다.

앞에서 설명한 바와 같이 몰리쉬는 바싹 마른 잎의 분말도

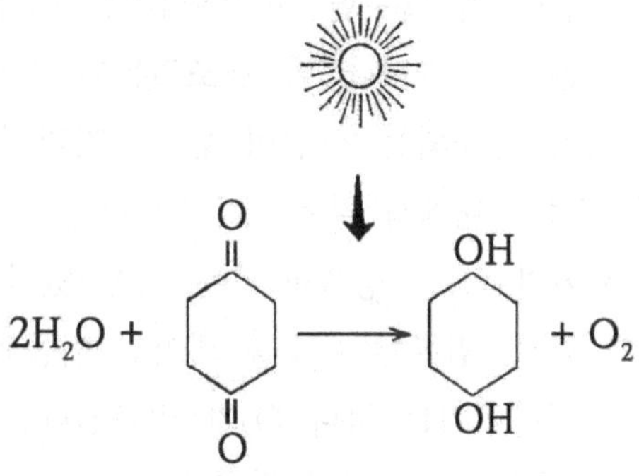

$2H_2O$ + 벤조퀴논 → 히드로퀴논 + O_2

벤조퀴논 히드로퀴논

〈그림 47〉 벤조퀴논의 광화학반응

광합성을 할 수 있는지를 알아보는 실험에서, 가루로 만든 세포를 원심분리기에 걸어 엽록체를 끄집어낸 다음 이것을 자당액에 넣은 것으로 실험을 했다. 그 엽록체에 빛을 쬐였더니 O_2가 나오기는 했으나, 이때 방출된 O_2의 양은 너무 적어서 도저히 광합성에 의한 것으로는 볼 수가 없는 미량이었다.

그래서 힐은 '엽록체에 어떤 약품을 섞어 주면 O_2가 더 많이 나오는 것은 아닐까?' 하는 생각 끝에 여러 가지 약품을 엽록체에 섞어 보았다. 그러자 예상치도 않았던 물질이 O_2를 많이 방출시킨다는 것을 알았다. 옥살산제이철, 페로시안화칼륨, 벤조퀴논 등의 물질들이 그러했다.

가령 엽록체에 벤조퀴논을 섞은 다음 빛을 쪼이면 벤조퀴논은 H_2O의 H_2를 가로채고는 자신은 히드로퀴논이 된다(그림 47). 그리고 나머지 O_2는 밖으로 방출시킨다. H_2O를 H_2와 O로 분해해서 H_2를 벤조퀴논에 넘겨주는 반응은 광화학반응이므로 빛이 없으면 진행되지 않는다.

엽록체 속의 엽록소가 흡수한 태양에너지를 이용하여 이 반응이 추진되는 것이다. 그러나 이 벤조퀴논이 히드로퀴논으로 변하는 화학변화는 탄소와는 상관이 없다. 따라서 광합성 그 자체도 아니며 식물체 내에서 일어나는 광화학반응도 아니다.

단지 '빛을 쪼이면 O_2를 방출한다'는 점에 있어서는 광합성과 비슷한 데가 있고, 엽록체에 빛을 쬐이면 이들의 물질을 가해 주지 않아도 미량이기는 하나 O_2가 방출된다. 그러므로 벤조퀴논과 같은 작용을 하는 것이 엽록체 내에 존재한다면 "잎이 빛을 흡수했을 때 O_2를 방출한다"는 것에 대해 쉽사리 이해가 될 것이다.

그런데 엽록체 내에는 벤조퀴논도, 옥살산제이철도, 페로시안화칼륨도 없다. 하지만 무언가가 있기는 할 것이다. 과학자들은 벤조퀴논과 유사한 물질이 없을까 하고 엽록체 공장 안을 샅샅이 들추어 보았으나 끝내 찾아내지를 못했었다. 그 후 20년이라는 세월이 흘러간 1951년에 드디어 그럴싸한 물질을 찾아냈다.

광합성을 추진하는 열쇠

미국의 오초아를 비롯한 학자들은 잎 안에서 H_2O의 H_2를 잡아들이는 물질, 즉 수소수용체는 TPN 또는 NADP임을 밝혀냈다. NADP(Nicotinamide Adenine Dinucleotide Phosphate)는 탈수소효소(脫水素酵素)의 조효소(助酵素)로서 작용하는 것인데, 이것은 동식물 체내에 흔히 나타나는 물질이다. 그런데 이것은 벤조퀴논 등과는 전혀 다른 물질이어서 당시 학자들은 맥빠진 상태였다. 오초아가 밝혀낸 내용은 다음과 같다.

① NADP는 엽록체 내에 존재한다.

② 세포에서 끄집어낸 엽록체에 NADP를 섞고 빛을 쬐이면 O_2를 방출한다.

③ NADP는 H_2를 가로채서 $NADPH_2$로 변한다.

④ 이때 방출되는 O_2는 모두 H_2O의 산소다.

이처럼 오초아가 알아낸 실험 결과는 이의의 여지가 없이 완벽했다.

이 엽록체의 NADP가 H_2O의 H_2를 빼앗고 O를 내버리는 반응은 광합성 그 자체가 아니다. 그러나 $NADPH_2$를 지닌 식물은 CO_2를 흡수해서 탄소화합물을 만들 수 있으므로, 말하자면 이것은 광합성의 전반부에 속하는 반응이다.

전에 몰리쉬가 '분말로 만든 잎도 광합성을 한다'고 한 것은 이 광합성의 전반부를 보았던 것이다. 광합성 과정에 있어 CO_2를 흡수하는 작업이 O_2를 방출한 뒤에 이루어진다는 것을 영리한 몰리쉬조차도 미처 깨닫지 못했던 모양이다.

오초아 이전에 벤슨이 과감하게도 '먼저 빛을 이용해서 어떤 물질을 만든다. 그 물질이 있기만 하면 식물은 어두운 곳에서도 C를 동화할 수 있다'고 역설한 것은 올바르게 본 것이다. 빛을 이용해서 만든 어떤 물질이란 바로 $NADPH_2$였던 것이다. 이 어떤 물질만 있으면 식물은 어두운 곳에서도 CO_2를 흡수해서 탄소동화물을 합성한다.

결론을 말하기 전에 광합성에 있어 중요한 앞 단계에 대해 정리를 하고 넘어가자. 〈그림 48〉을 보면서 광합성의 전반인 명반응의 실태를 이해했으면 한다.

뿌리에서 흡수되어 잎에 도달한 물은 엽록체 내에서 태양에너지에 의하여 H_2와 O로 분해되고, H_2는 NADP와 결합해서

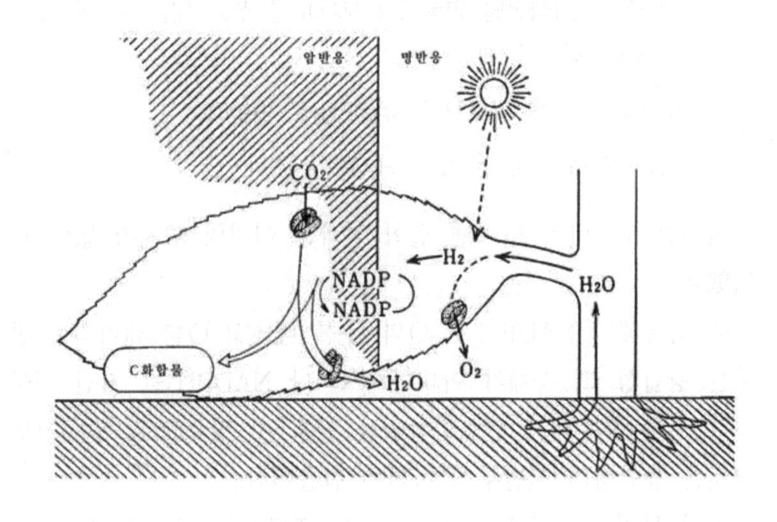

〈그림 48〉 광합성의 과정

$NADPH_2$가 된다. O는 O_2로서 기공으로부터 대기 중으로 방출된다. 물론 〈그림 48〉은 중간 단계의 여러 화학반응이 생략된 큰 줄거리만 표시한 것이다. 하지만 잎에서 튀어 나오는 O_2가 CO_2의 O가 아니고 H_2O의 O라는 것은 충분히 납득이 가리라고 본다. $NADPH_2$는 H_2를 떨어내고 다시 NADP로 되돌아온다. 즉 일종의 촉매 구실을 한다. 이 촉매작용이 광합성을 추진시키는 첫 타자, 즉 방아쇠 역할을 한다.

이 광합성의 전반부도 자세히 보면 몇 단계로 나누어져 있고, 그 밖에 보조적인 주변 기구도 있다. 좀 더 구체적으로 말하면 처음에 빛을 흡수하고 들뜬 엽록소의 전자는 차례차례 다른 것으로 옮겨 가서, 그들을 들뜨게 하면서 에너지를 탄소동화에 이용하는 방향으로 몰고 간다. 한편 도중에서 별도의 경로로부터 에너지를 얻어 전체의 과정을 조절한다. 이것은 자동차를 굴리는 데 엔진이나 톱니바퀴 같은 동력계(動力系)의 부품 외에 가솔린을 끌어들이는 장치나 이것을 적절히 공급하는 장치, 그리고 배터리 등을 포함한 약전 계통(弱電系統)의 부품 등이 마련되어야 하는 것과도 같다.

엽록소와 같은 포르피린 색소의 사이토크로뮴, 단백질의 일종으로서 Fe를 함유한 페레독신, Cu를 함유한 플라스트 퀴논 등이 이들의 역할을 하는 것인데 세부적인 것은 생략한다. 이로써 광합성의 전반부 과정, 즉 명반응에 관한 이야기는 일단락을 짓고 다음은 후반부인 CO_2 흡수와 탄소화합물의 합성을 다루기로 한다.

6장
광합성의 제품과 이용

당이 되기까지

중학교나 고등학교의 생물 시험에서 '광합성에 의해서 생겨나는 것은 무엇인가?' 하는 문제가 나왔다면 대부분의 학생이 '당이나 녹말…'이라고 대답할 것이다. 고등학교나 대학 입학시험의 답으로서도 이것은 정답이다.

고등교육을 받은 사람들이 중학생과 똑같은 대답을 하리라고는 생각지 않지만, 좀 더 세련된 대답을 한다고 쳐도

'식물은 공기 중의 이산화탄소(CO_2)를 당으로 만들어서 살고 있다…'

고 거침없이 대답하는 사람들뿐이라면 세상은 참으로 태평스러울 것이다. 그 대신 과학은 제자리걸음만 하게 된다. 그런데 지금으로부터 100년 전 사람들도 그렇게 형편없지는 않았다.

1879년 베이어는 식물이 당을 만들 때 "CO_2를 단번에 당으로 만들지 않고 CO_2와 H_2O로 먼저 포름알데히드(H·CHO)를 만든 다음 이것을 6개씩 뭉쳐서 당을 만든다"고 생각했다. 베이어의 이러한 착상은 소박한 것이어서 누구나 이해하기가 쉬웠다. 뿐만 아니라 베이어의 이 가설을 뒷받침하는 실험 결과가 그 아닌 다른 사람에 의해 밝혀졌다.

1913년 무어 등이 식물에 포르말린의 증기를 쐬게 한 다음 잎을 분석하니 처리 전에 비해 당의 함량이 증가했다. 이를 알고 난 그들은 이어 실험실에서 CO_2와 H_2O로 포름알데히드를 합성해 냈다. 당시로는 획기적인 업적의 하나였다. 요즘의 감각으로는 DNA를 인공적으로 합성해 낸 업적 못지않았으리라. 이들의 실험 결과로 포름알데히드설은 가설로서가 아니라 사실로서 받아들여지게 되었다.

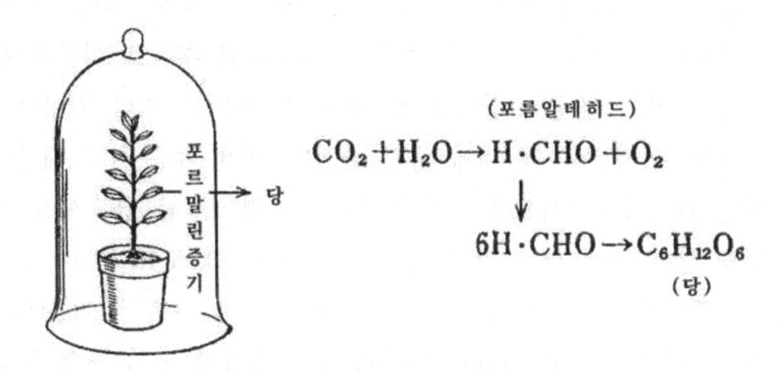

〈그림 49〉 포름알데히드설을 뒷받침하는 실험

그러나 일부 학자들은 포름알데히드는 생체에 독이 되기 때문에 "그러한 독성물질이 체내에 생길 리가 없다"고 반론을 폈다. 이에 대해 베이어의 설을 지지하는 학자들은 "포름알데히드가 독성물질이기는 하나 그것이 체내에 항상 머물러 있는 것이 아니고 생겨나는 대로 곧 당으로 변하기 때문에 독의 영향을 나타낼 겨를이 없다"고 맞섰다.

그래서 포름알데히드설은 흐리멍덩한 채 오랜 세월을 보냈다. 이것은 식물체 내에 C를 함유한 물질이 너무 많아서 어떤 물질이 공기 중의 CO_2에서 유래한 것인지 밝힐 수가 없었기 때문이다.

동위원소에 의한 추적

얼마 후 방사성 동위원소(放射性同位元素)가 학술연구에 이용되어, 밖으로부터 들어온 CO_2의 C와 체내에 있는 C를 구별할 수 있게 되었다.

즉 방사능이 없는 ^{11}C로 된 $^{11}CO_2$와 방사능이 있는 ^{14}C로 된 $^{14}CO_2$를 만들어 이것을 식물에 흡수시킨 후, 그 식물을 분석해서 어느 물질이 방사성 탄소(^{14}C)를 지니고 있나 알아보는 것이다. 이때 식물체 내에 생긴 물질의 양이 너무 적기 때문에 대개 크로마토그래프로 검출을 한다. 가령 ^{14}C를 흡수시킨 식물을 갈아 뭉갠 다음 그 액을 거름종이 위 한 모퉁이에다 둥근 모양(?)으로 발라 놓고 액상의 전개제(展開劑: 보통 유기용매)로 전개시킨다. 그 후 이것을 말려서 X선 필름과 함께 포개 두면 ^{14}C를 함유한 물질이 있는 곳만 감광된다. 이 X선 필름을 현상한 다음 ^{14}C를 함유한 물질의 이동도(移動度)로부터 물질의 종류를 판정한다.

1936년 우드와 와크먼은 이 방법으로 CO_2의 C가 어떤 물질에 끼어드는가를 살펴보았다. 그런데 $^{14}CO_2$의 ^{14}C는 포름알데히드나 당에 들어가 있지 않고 뜻밖에도 프로피온산, 푸마르산, α-케토글루타르산 등 유기산(산성이 있는 유기물)에 들어가 있었다.

이러한 사실은 당시의 상식과는 너무도 동떨어져 있었고 또 세상이 뒤숭숭하다가 전쟁이 터지는 바람에 이들의 연구는 한동안 누구의 눈길도 모으지 못한 채 묻혀 버렸다.

2차 대전이 끝난 1945년 캘리포니아대학의 캘빈과 벤슨은 재빨리 이 문제를 들춰냈다. 이들은 녹조류를 실험 재료로 삼아 ^{14}C의 행방을 추적했다. 역시 CO_2의 C는 포름알데히드로 들어가지 않고 우드와 와크먼의 실험과 마찬가지로 유기산으로 들어갔다. 그래서 CO_2의 C가 유기산 안에 끼어드는 반응을 우드-와크먼 반응이라 부르기로 했다. 캘빈은 암실에서 클로렐라

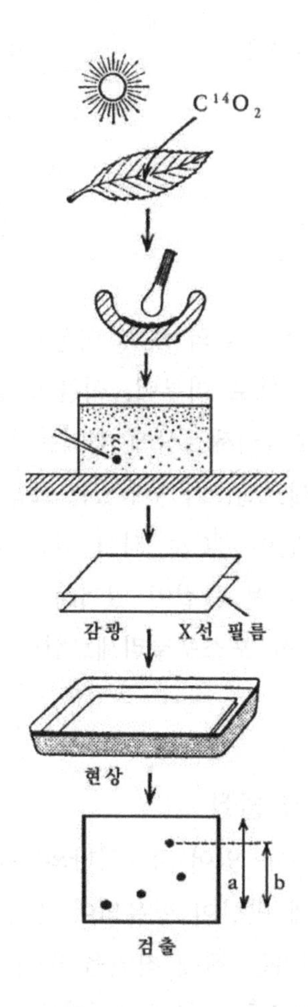

〈그림 50〉 동위원소를 이용한 크로마토그래프

(녹조류)에 불빛을 쬐게 한 후 5초, 30초, 90초, 5분 동안 두었다가 효소의 작용을 중단시키고 ^{14}C가 세포 내용물 중 어떤 물질 안에 있는지 크로마토그래프로 살폈다. 〈표 6-1〉은 그 결과다.

〈표 6-1〉

빛을 쐰 후 경과 시간	^{14}C를 함유한 물질
5초	포스포글리세르산, 말산
30초	알라닌, 아스파르트산, 말산
90초, 5분	당, 지질 등

즉 조사 직후(5초)는 ^{14}C의 80% 이상이 포스포글리세르산 안에 함유되어 있는 점으로 미루어, 식물이 광합성을 할 때 CO_2의 C는 우선 포스포글리세르산에 끼어든다고 캘빈은 생각했다. 그리고 포스포글리세르산(C가 3개 있는 화합물) 안에 있는 3개의 C 중 단 하나의 C만이 ^{14}C로 되어 있는 점으로 보아, 식물체 내에는 C가 2개인 어떤 물질이 있어서 이것에 CO_2의 C가 가담되어 C를 3개 가진 포스포글리세르산이 되는 것이라고 캘빈은 결론을 내렸다.

유기산이란 중간적 물질

한편 광합성 연구에 있어 또 하나의 거성(巨星)인 오초아는 1951년 식물체 내에 말산이 함유되어 있는 점, 또 CO_2의 C가 말산으로 많이 들어가는 점에 착안을 하고 비둘기 간장에서 끄집어낸 말산 합성효소를 이용하여 피루브산과 CO_2로 말산을 합성했다. 그래서 오초아는 식물이 C를 동화해서 최초로 만드는 물질은 피루브산이라 생각했다. C를 끌어들이는 물질이 피루브산이라 하면, 피루브산은 호흡에 의하여 당이 분해될 때 생기는 물질이므로 앞뒤가 맞아떨어진다.

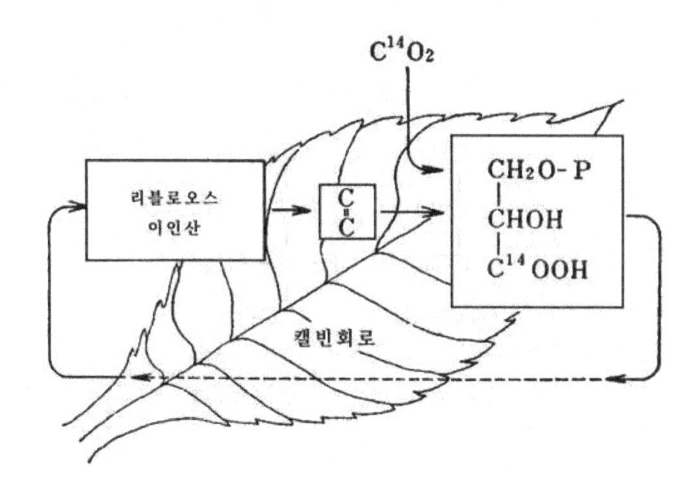

〈그림 51〉 ^{14}C에 의한 C의 추적

그러나 현재 대다수의 학자들은 캘빈의 실험 결과를 토대로, 리블로오스 이인산 RuDP에서 갈라져 나온 C_2(C가 2개 있는 물질) 물질에 CO_2의 C가 들어가서 C_3(C가 3개 있는 물질) 물질인 포스포글리세르산(PGA)을 형성하면서 탄소동화를 하는 것으로 생각하고 있다. 그리고 이때 한 분자의 RuDP로부터 두 분자의 PGA가 생겨난다.

어쨌든 CO_2의 C가 포름알데히드가 아니고 포스포글리세르산(PGA) 등의 유기산 안으로 들어가는 것은 틀림없다.

그러므로 광합성에 의하여 우선 처음에 만들어지는 물질은 PGA 등의 유기산이다. 그리고 그 일부는 알라닌 등의 아미노산이 되기도 하나 대부분은 다른 물질과 어울려서 포도당이 된다. 광합성에 의해서 생긴 유기산이 어떤 경로를 거쳐 포도당

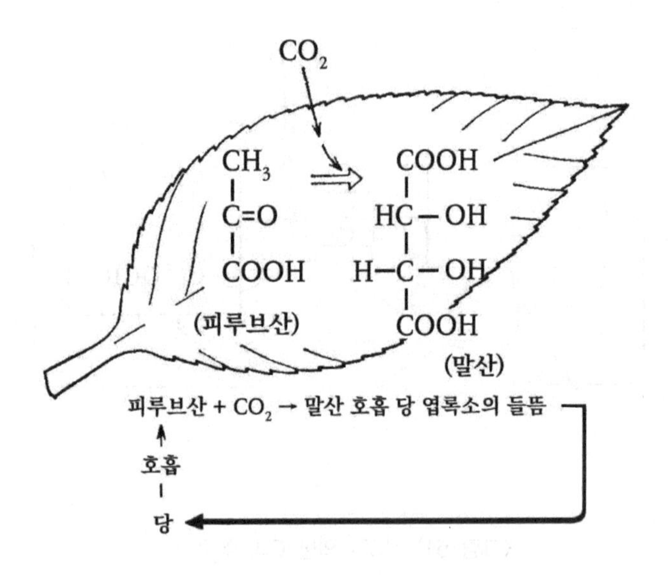

〈그림 52〉 오초아의 생각

이 되는지, 이것도 광합성을 연구하는 학자들이 대단한 관심을 쏟고 있는 과제이다.

이와 같은 복잡한 내용으로 된 광합성의 수지결산은 앞에서 예시한

$$6CO_2 + 12H_2O \rightarrow C_6H_{12}O_6 + 6O_2 + 6H_2O$$

이다.

이 결산서의 숫자 그 자체는 틀림없으나 그 내용에는 아직도 해결해 내야 할 문제가 너무도 많다.

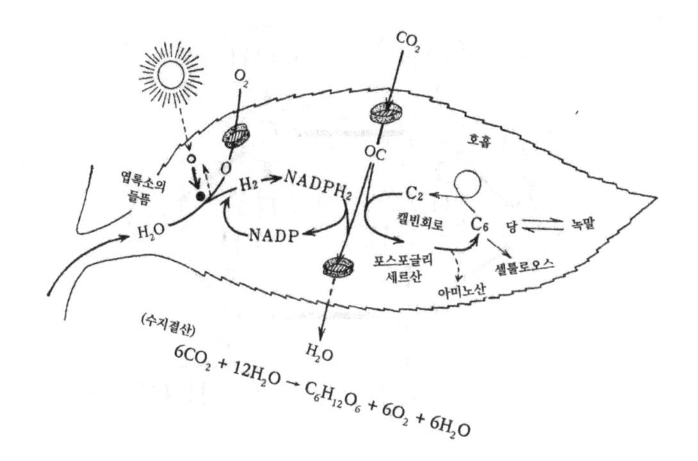

〈그림 53〉 식물의 수지결산

생명의 에너지원

우리가 먹고 마시곤 하는 과자, 과일, 주스, 우유, 벌꿀 등에는 으레 당이 들어 있고, 쌀을 먹거나 술을 마시면 이들은 체내에서 당으로 변한다. 그러므로 우리는 매일 체내에 당을 보급하고 있다. 이것은 자동차가 달리려면 가솔린이 필요하듯이 인간이 살려면 에너지(칼로리)를 보급해야만 하기 때문이다. 당을 먹으면 왜 칼로리가 생기는가에 대해서는 호흡에 대한 이야기 때 자세히 알아보기로 하자.

당에는 여러 가지 종류가 있다. 그중에서 가장 간단하고 또 가장 일반적인 당은 포도당이다. 식물이 광합성을 할 때 맨 처음에 생기는 당이 이 포도당이다. 식물이 광합성을 할 때 $C_6H_{12}O_6$, 즉 C가 6개, H가 12개, O가 6개로 되어 있다. 그러나 이들의 원소는 그냥 제멋대로 모여진 것이 아니고, 하나하나가 정해진 위치에 배치되어 입체적으로 결합하고 있다(그림 54).

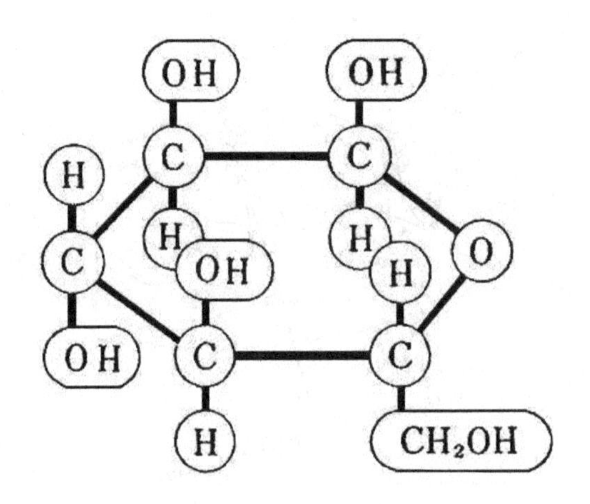

〈그림 54〉 포도당의 입체 구조

이 같은 입체 구조를 가진 당을 그림으로 간단하게 표시하는 방법은 없을까 하고 여러 사람들이 생각한 끝에, 그들 나름대로의 구조식을 제시했다. 〈그림 55〉는 그 대표적인 몇 가지 예다.

피저 식은 지금도 더러 쓰이기는 하나 입체적인 구조가 아니라서 불편할 때가 있다. 하워드는 처음에 가는 선으로 연결된 육각 구조를 제시했다가 그 후 입체 구조를 명시하기 위해 아래쪽 선을 굵게 했다. 이상적인 표시이기는 하나, 포도당이 여러 개 연결될 때 첫 번째 C와 네 번째 C에서 결합되어야 하므로 이 하워드 식 그대로는 불편하다 하여 지금은 이것을 고쳐 쓰고 있다. 즉 첫 번째 C와 네 번째 C가 나란히 놓이도록 하고 O의 위치를 위쪽으로 했다(그림 55).

이렇게 표시하면 당이 이어지는 복당류(復糖類), 다당류(多糖類)를 그리는 데 편리하다. 가령 포도당과 과당(果糖)이 하나씩 결합해서 된 자당(蔗糖)은 〈그림 56〉처럼 표시된다. 이렇게 해서

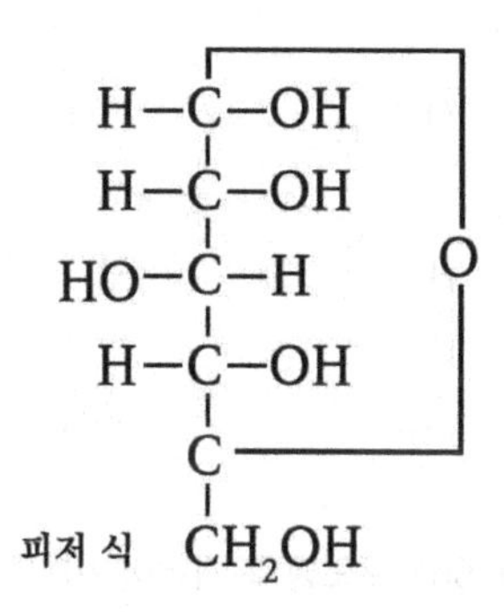

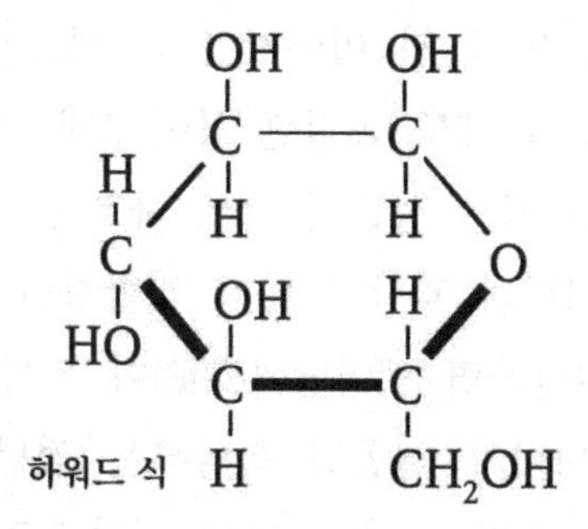

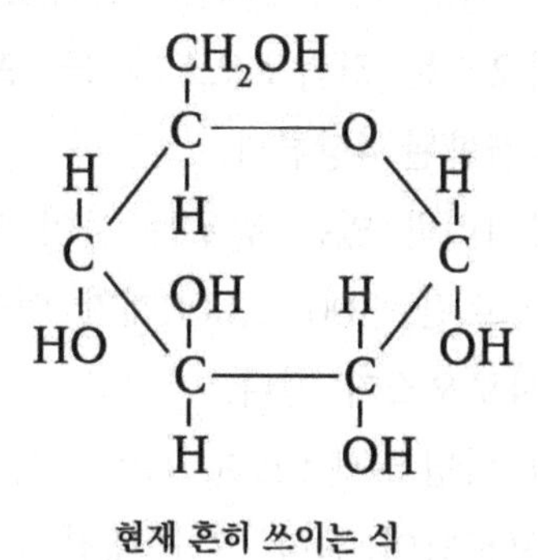

현재 흔히 쓰이는 식

〈그림 55〉 포도당의 구조식

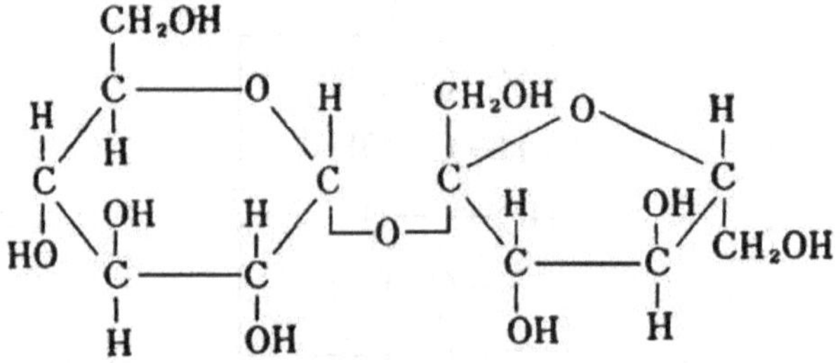

〈그림 56〉 포도당의 과당이 이어진 자당

차례차례로 당이 여러 개 이어지면 다당류의 표시가 된다. 그런데 같은 복당류라 해도 동일한 당이 2개 결합된 것과 종류가 다른 당이 결합된 것은 성질이 서로 다르다.

가령 포도당 하나와 과당 하나가 결합하면 자당이 되는데 포도당이 두 개 결합하면 맥아당(麥芽糖)이 된다. 또 포도당 하나와 갈락토오스 하나가 결합된 복당류는 젖당이다. 라피노오스는 포도당 하나, 과당 하나 그리고 갈락토오스 하나가 결합된 3당류다. 스타키오스는 갈락토오스가 둘, 포도당이 하나, 그리고 과당 하나가 결합된 4당류다.

그러나 포도당끼리만 있는 경우는 둘이 모이면 맥아당, 여섯이 결합되면 덱스트린, 300~1,000개가 이어지면 녹말, 몇십만이 결합되면 셀룰로오스가 된다.

그러므로 이들 다당류(덱스트린, 녹말, 셀룰로오스 등)를 분해하면 마지막에는 포도당이 된다. 2차 대전 중 일본에서는 목재로 당을 만드는 연구가 한동안 추진되었다. 당시 설탕의 수입이 중단됐기 때문이다.

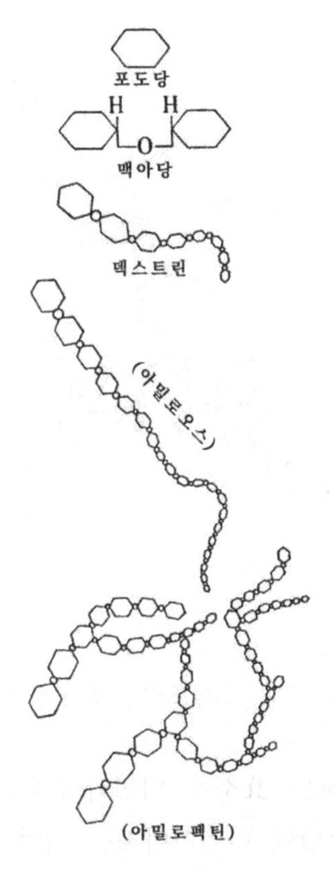

〈그림 57〉 포도당은 녹말로

두 가지 아밀라아제

녹말 중에는 여러 개의 포도당이 실오라기처럼 한 가닥으로 이어진 것과, 군데군데 가지가 달려 있고 그 가지가 다시 가지를 달아 가면서 이어진 것이 있다. 한 가닥(선상, 線狀)으로 된 것은 아밀로오스, 가지가 달린 것은 아밀로펙틴이라 부른다. 그런데 이들은 연결된 포도당 6개에 한 번꼴로 나선을 그리면서 마치 전기 히터의 꼬인 니크롬선처럼 이어진 것이다.

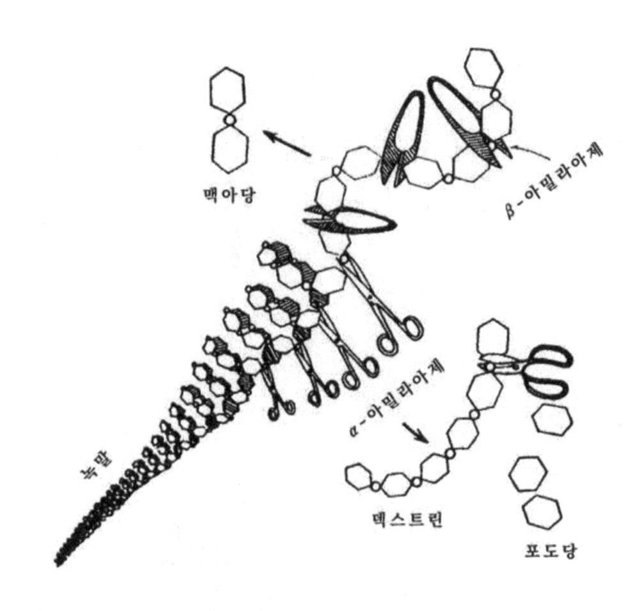

〈그림 58〉 녹말의 분해

녹말을 분해하는 효소가 아밀라아제라는 것은 누구나 알고 있을 것이다. 녹말에 아밀라아제를 섞어 주면 포도당의 결합이 끊어져서 당이 된다.

아밀라아제(효소)에는 두 가지가 있다. 〈그림 58〉과 같이 1회 전마다 녹말 사슬의 결합부를 끊어 내는 α-아밀라아제와, 녹말 중의 포도당 결합부를 하나씩 걸러 가면서 끊어 내는 β-아밀라아제가 있다. 이것은 환영할 때 뿌리는 색종이 가루를 만들 때 먼저 듬성듬성 자른 다음 다시 이를 잘게 써는 사람과 처음부터 잘게 써는 사람이 있는 것과도 같다.

따라서 그림에서와 같이 α-아밀라아제에 의해 녹말이 분해될 때는 덱스트린과 포도당이, β-아밀라아제에 의해서 분해될 때

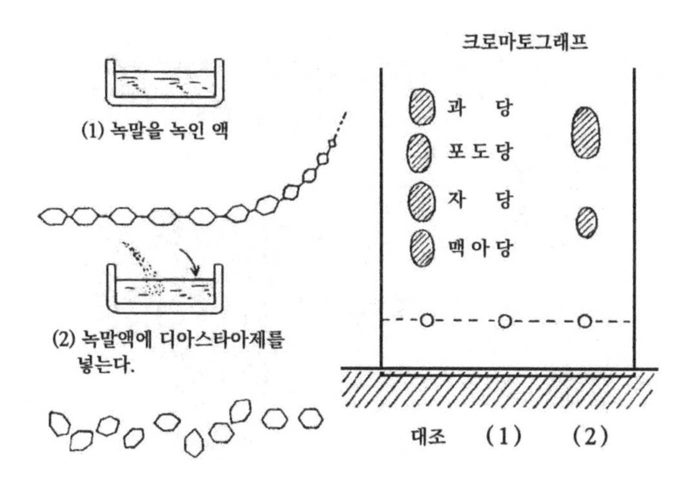

〈그림 59〉 녹말의 분해 시험

는 맥아당이 생겨난다. 맥아당은 말타아제에 의해 분해되어 포도당이 된다.

여기서 실험 예를 하나 들어 보자. 녹말액을 만든 다음 그 안에 디아스타아제(녹말 분해효소)를 넣고 잘 섞어서 한동안 두었다가 아이오딘액을 약간 넣어 본다. 이때 아이오딘 반응으로 녹말액이 퍼렇게 변하지 않으면 녹말이 분해되었다는 증거다. 이 액을 0.01㎖쯤 거름종이의 어느 한 곳에 발라서 크로마토그래프에 건다.

크로마토그래프는 앞서 이야기했듯이 거름종이 한쪽 끝에 시료액(試料液)을 발라 놓으면 그 액이 스며들어 가면서 시료 중에 들어 있는 물질들이 그 성질(이동도)에 따라 분리가 된다. 미량의 물질을 정성(定性)하는 데 흔히 쓰이는 방법이다. 시료액이 녹말일 때는 당이 나타나지 않으나 디아스타아제로 처리된 녹

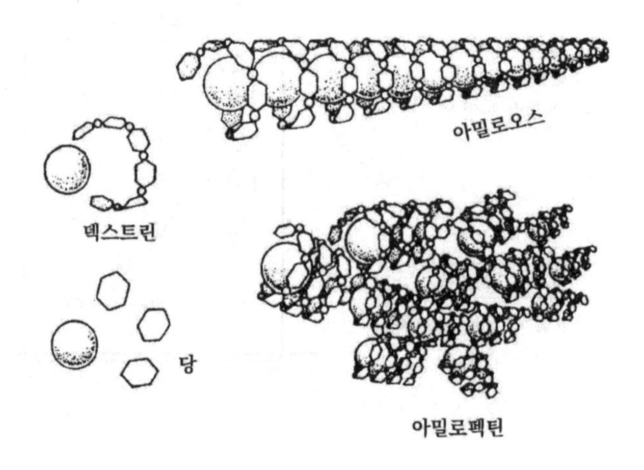

〈그림 60〉 아이오딘 반응의 메커니즘

말액에서는 맥아당과 포도당이 나타난다. 즉 아이오딘 반응이 나타나지 않고 당이 나타났다는 것은 녹말이 당으로 분해되었기 때문이다(그림 59).

광 안의 쌀가마

녹말 분자의 사슬은 아밀라아제에 의하여 끊어져 나간다. 그러나 녹말 중에서도 가지가 달린 사슬로 된 아밀로펙틴은 아밀로오스와는 좀 다르다. β-아밀라아제라는 효소는 마치 애벌레가 잎사귀 끝머리부터 갉아 먹듯이 녹말의 사슬 끝부터 차례로 끊어 간다. 즉 아밀로펙틴으로부터 맥아당을 끊어 낸다. 그러다가 가지로 갈라진 부분에 이르러서는 멈추어 버린다.

그러므로 β-아밀라아제에 의하여 아밀로펙틴이 분해되면 맥아당과 사슬 토막, 즉 일종의 덱스트린이 생겨난다. 보통 식물

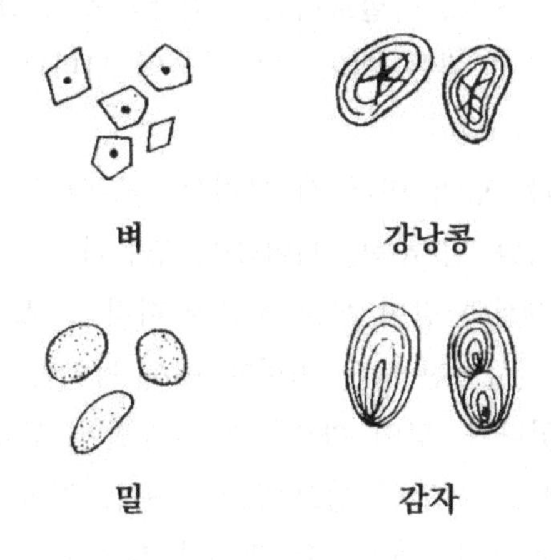

〈그림 61〉 식물의 녹말가루

체 내에는 α와 β의 두 가지 아밀라아제가 마련되어 있다. 그래서 광합성으로 만들어진 녹말은 필요에 따라 이들에 의해서 순식간에 당으로 분해된다.

한편 녹말의 아이오딘 반응에 있어, 아이오딘액을 끼얹었을 때 푸른색으로 염색되는 것은 아밀로오스다. 가령 보통 쌀, 즉 멥쌀의 녹말에는 아밀로오스가 많기 때문에 밥알에 아이오딘액을 끼얹으면 새파랗게 된다. 그러나 찹쌀밥의 경우는 적자색이 된다. 이것은 찹쌀의 녹말이 주로 아밀로펙틴이기 때문이다.

아이오딘 반응은 아이오딘 분자(I_2)가 녹말의 니크롬선 같은 사슬 속으로 끼어들어 가기 때문에 발색되는 것인데, 사슬이 한 번 회전할 때마다 한 개꼴로 아이오딘 분자가 끼어들어 가는 것이므로 가지로 갈라져 있는 것은 가지가 없는 것보다 아이오딘 분자가 들어가기 어렵다. 뿐만 아니라 완전히 한 회전이 되지 않은 것에는 아이오딘 분자가 끼어들지 않는다. 즉 아밀로오스가 청색으로, 아밀로펙틴이 적자색으로, 그러나 덱스트린이나 당에는 이 같은 아이오딘 반응이 나타나지 않는 것은 이 때문이다(그림 60).

세포 내에서는 당이 여러 개 모여서 녹말이 되고 다시 녹말이 중합해서 녹말 입자(녹말 덩어리)를 만든다. 이 녹말 덩어리는 〈그림 61〉에서와 같이 식물 종류에 따라 그 모습이 다르다.

광합성으로 만들어진 당은 이렇게 해서 녹말이 되어 세포 내에 함유되어 있다가, 당이 필요하게 되면(발아, 생장, 호흡) 아밀라아제에 의해 곧 녹말이 당으로 분해된다. 결국 식물에 있는 녹말 덩이는 광 안에 쌓여 있는 쌀가마 같은 것이다.

수입과 지출

여름에는 무더운 만원 버스에 시달리고, 겨울에는 찬바람에 목을 움츠리고 매일 터벅터벅 회사에 출근하는 것이 우리 대중들이다. 사람이 이렇게 뼈 빠지게 일하는 것은 생활에 필요한 돈을 벌기 위해서다. 물론 개중에는 '회사를 위해서', '인류를 위해서' 일하는 사람도 없지는 않을 것이다. 그러나 만일 사장이

> '내일부터는 월급을 줄 수가 없게 되었다. 하지만 종전대로 매일 출근을 해 주기 바란다. 인류의 평화를 위해서 말이다'

라고 말했다 하자. 이런 말을 듣고도 지당한 말씀으로 수긍하고 나올 사람이 있겠는가. 우리는 살기 위해 수입이 있어야만 한다.

이와 마찬가지로 식물이 광합성으로 매일 탄소화합물을 만드는 것은 산소나 유기물을 동물에게 제공하기 위한 것이 아니고

그 자신이 살기 위해 어쩔 수 없는 노릇이다.

살아가는 데 있어 탄소화합물은 여러 가지 면에서 필요하다. 그 이유의 하나는 생체를 형성하는 재료로서 필요하다는 것이다. 생체에는 어디나 탄소화합물이 들어 있다. 그러므로 광합성으로 이것을 합성하지 않으면 식물은 생장은 물론이고 우선 생존하지 못한다.

살아가기 위해 탄소화합물이 필요한 또 하나의 이유는 이것으로부터 에너지를 얻어 써야 하기 때문이다. 호흡에 의해서 당이 CO_2와 H_2O로 분해되면 에너지(칼로리)가 생겨난다. 식물은 이 에너지를 이용해서 흡수(吸水), 운동, 그 밖에 여러 가지 화학반응을 추진시킨다. 호흡 과정은 다음 식으로 표시된다.

$$C_2H_{12}O_6 + 6O_2 \rightarrow 6CO_2 + 6H_2O + 686{,}000 \text{ cal}$$

이 식은 고등학교 졸업생이면 거의 다 기억하고 있을 것이다. 물론 이것도 광합성의 경우처럼 어디까지나 수지결산적이므로 이 식을 기억한다 해서 호흡에 대한 복잡한 내용을 이해할 수는 없다. 내용을 이해하지 못할 것이라는 말에 저항을 느끼는 독자가 있다면 그는 ○/×식 시험 준비에 신경이 무뎌졌을지도 모른다. 중학생으로 되돌아가서 생각해 보자.

"당이 분해되면 왜 에너지가 생겨나는가?"

에너지의 수수

간단한 화학물질이 복잡한 물질로 형성될 때에는 에너지가 필요하다. 반대로 이렇게 형성된 복잡한 물질이 간단한 물질로 분해될 때는 에너지가 방출된다. 이 관계를 앞서 말한 오초아의 탄소동화에 대한 아이디어를 빌어 생각해 보기로 하자.

식물 잎이 공기 중의 CO_2를 흡수하여 탄소화합물을 만들 때 C가 3개 들어 있는 피루브산에 CO_2의 C가 하나 더 들어가 C가 4개인 말산을 만든다는 것이 오초아의 생각이다. 이때 필요한 에너지, 즉 식물이 C를 동화할 때 쓰이는 에너지는 $NADPH_2$로부터 H_2가 떨어져 나갈 때(5장 중 「광합성을 추진하는 열쇠」 참고) 나오는 것을 이용한다.

그럼 $NADPH_2$는 어떻게 해서 그런 에너지를 지니게 되었을까? 이것은 태양에너지에 의해, NADP와 물의 H_2가 결합될 때 (간단한 것→복잡한 것) 태양으로부터 받아들인 것이다. 그래서 광합성과 호흡을 단순한 반대 현상으로 보고 있는데 그 내용은 공통의 목적을 가진 일련의 화학반응계로 볼 수 있다. 좀 더 구체적으로 말하면

> "식물이 탄소화합물을 만들 때에 태양에너지를 이용해야 하는데 태양에너지는 복사에너지(파동)이기 때문에 그대로는 이용이 안 된다. 그러므로 이 물리적인 에너지를 화학적 에너지(칼로리)로 변환하는 수단으로서, 광합성을 하여 탄소화합물 안에 태양에너지를 끌어들인다. 그리고 호흡에 의하여 그 물질을 분해시켜 필요한 에너지를 방출시킨다"

는 것이다. 따라서 지구 위의 모든 생물은 태양에 의존해서 살고 있다. 그 태양에너지를 칼로리로 변환하는 전반을 식물이 담당하고 있다.

수입과 지출은 본래 상반되는 것인데 지출할 필요가 없으면 수입도 필요 없게 된다. 따라서 수입과 불가분의 관계가 있다.

우리 가정에서도 지출은 어른과 아이 모두 하는데 수입은 어

〈그림 62〉 생물의 수입과 지출

른들이 도맡게 된다. 이와 마찬가지로 지구 위에는 숱한 동식물이 호흡을 하면서 살고 있으나 그 에너지를 태양으로부터 받아들이는 것은 녹색식물이다. "그러므로 동물이 없어도 식물은 견딜 수 있지만 식물이 없어지면 동물도 뒤따라 없어진다."

게으름뱅이 식물

식물 중에는 식충식물이라는 좀 색다른 것이 있다. 가령 파리지옥, 끈끈이주걱, 벌레잡이제비꽃, 끈끈이대나물 등은 운동능력이 있는 잎사귀가 있어서 벌레를 잡아 그 몸에 있는 유기물을 빨아 먹는다. 만일 식충식물이 벌레만을 먹고 살아가는 것이라면 그것은 동물이므로 식물이라 부르지 않아야 한다.

가령 식충식물에 철망을 씌워 놓고 벌레들이 접근하지 못하도록 해 두면 굶어 죽어야 할 것이다. 그러나 이들 식충식물은 철망 안에서도 별일 없이 살고 있을 뿐 아니라 무럭무럭 자라고 있다. 이것은 식충식물이 철망 안에서 광합성을 하기 때문이다.

공기 중에 있는 0.03%의 CO_2의 C를 이용하여 탄소동화작용을 한다는 것은 쉬운 일이 아니다. 다른 생물이 만든 유기물을 가로채는 것이 편하다. 식충식물은 영리(?)해서 동물의 흉내를 내는 것일지도 모른다.

아니면 이들 식물은, 병이 완쾌된 후에도 위자료까지 받아먹으면서 휠체어로 다니는 음흉한 사람처럼 게으름뱅이일 것이다.

식물의 살인

'식물은 O_2를 방출하기 때문에 공기를 정화한다'고 굳게 믿은 어떤 신사는 자기 아파트에 온갖 종류의 식물을 사들여 방 안에는 발 디딜 틈조차 없을 정도였다. 그런데 어느 날 아침 갑자기 그 신사가 숨을 거두었다. 창도 출입문도 모두 안쪽에서 잠겨 있었고 방 안에 있는 가구, 식물도 제대로 놓여 있었다. 그렇다면 자살인가? 아니면 타살인가? 타살이라면 범인은

〈그림 63〉 식물의 살인 사건

누구란 말인가?

힌트를 하나 준다면 입회했던 의사의 사망진단서에는 '호흡 장애'라 쓰여 있었다.

요즘 사람들은 그럴 리가 없겠지만 옛날에는 생물학을 박물학(博物學)이라 했는데 그 시대 사람들이나 전쟁 중, 또 전쟁 후에 형편없이 교육을 받고 자란 사람 중에는 '동물은 언제나 O_2를 흡수하고 식물은 언제나 O_2를 방출한다'고 생각하는 사람이

〈표 6-2〉

측정 기관	호흡률($RQ=CO_2/O_2$)
잎	1
발아 중의 아마 씨앗	0.64
성숙 중의 아마 씨앗	1.22

비교적 많다.

그러나 동물이 호흡에 의해서 칼로리를 얻듯이 식물도 살기 위해 항상 O_2를 흡수하고 CO_2를 방출한다. 다만 식물은 빛이 있으면 광합성을 하면서 대량의 O_2를 방출하기 때문에 호흡에 의한 O_2의 흡수가 눈에 뜨지 않을 뿐이다. 하지만 식물을 어두운 곳에다 옮겨 놓고 O_2와 CO_2의 양을 살펴보면, O_2를 흡수하고 CO_2를 방출한다. 따라서 침실 같은 방 안에 식물을 잔뜩 넣어 두면 밤중에는 비좁은 방에서 여럿이 자고 있을 때와 같이 CO_2량이 많아진다.

지금 같은 시대에는 이 같은 식물의 살인 사건은 없지만 전혀 그럴 가능성이 없는 것도 아니다. 원칙적으로 식물이 있는 방에서 자면 혼자만 잘 때보다 공기 중의 O_2가 빨리 없어지고 CO_2가 증가해 간다.

이렇듯 호흡은 동물만의 전유물이 아니다. 식물도 쉴 새 없이 숨을 쉬고 있다. 그 호흡은 보통 다음과 같이 표시한다.

$$C_6H_{12}O_6 + 6O_2 \rightarrow 6CO_2 + 6H_2O + \text{칼로리}$$

그러나 이 식은 당이 산소에 의해 분해될 때의 호흡을 표시하는 것으로서 모든 호흡이 이대로만 일어나는 것은 아니다.

호흡 중에는 당의 소모가 없이 일어나는 것도 있고 산소를 필요로 하지 않는 호흡도 있다.

당을 산소로 분해하는 호흡의 일반식을 보면 흡수되는 O_2의 양과 방출되는 CO_2의 양은 6:6으로서 똑같다. 호흡에 있어 O_2량에 대한 CO_2량의 비를 호흡률(吸呼率, 호흡계수)이라 하는데 이 경우의 호흡률은 6/6, 즉 1이다. 그런데 실제로 식물이 방출하는 O_2와 흡수하는 CO_2의 양을 측정해 보면 호흡계수는 〈표 6-2〉와 같이 1이 안 되는 경우가 많다.

열을 뿜는 새싹

RQ값이 1이 안 되는 이유에는 여러 가지가 있겠으나 아마 씨앗의 경우는 당 이외의 물질이 호흡에 쓰이기 때문이다. 당이 아닌 물질로서 호흡에 이용되는 것은 지방, 유기산이다. 이들 물질 중에서 당에 비해 O의 비율이 적은 것(예: 지방)이 호흡에 이용되면 RQ값이 1보다 작게 된다.

예를 들면 지방산의 일종인 스테아르산은 $C_{18}H_{36}O_2$로서 $C_6H_{12}O_6$에 비해 O의 비율이 적으므로 이 스테아르산이 호흡에 쓰이면

$$C_{18}H_{36}O_2 + 26O_2 \rightarrow 18CO_2 + 18H_2O + \text{칼로리}$$

가 되어 호흡률은 18/26, 즉 0.7이다.

이와는 반대로 C의 비율이 당보다 적은 것(예: 유기산)이 호흡에 쓰이면 호흡률은 1보다 크다. 예를 들면 말산은 $C_4H_6O_5$인데 이 말산이 호흡에 쓰이면

$$C_4H_6O_5 + 3O_2 \rightarrow 4CO_2 + 3H_2O + \text{칼로리}$$

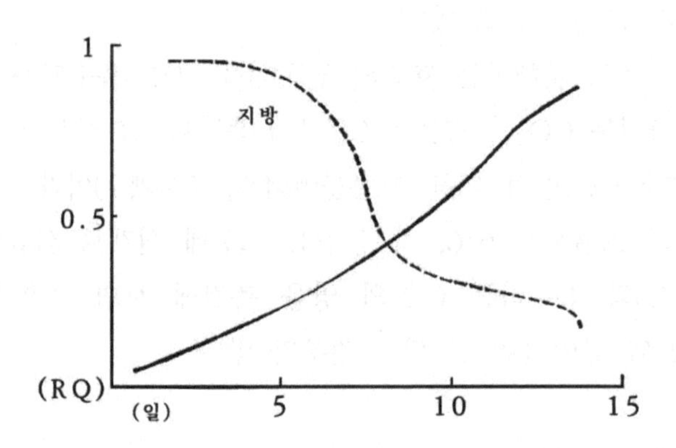

〈그림 64〉 아마 씨앗의 호흡계수 변화

가 되어 RQ값은 4/3, 즉 1.33이 된다.

이와 같이 식물이 흡수하는 O_2와 방출하는 CO_2의 비는 어떤 물질이 호흡 재료로 쓰이는가에 따라 달라진다. 예를 들면 아마 씨앗이 발아할 때 RQ를 살피면 발아 초기에는 RQ값이 0.3 정도이나 차츰 1에 근접해 간다. 이것은 먼저 씨앗 중에 있는 지방이 호흡에 쓰이고 차츰 당이 쓰이기 때문이다. 또 앞의 〈표 6-2〉에서와 같이 성숙 중인 아마 씨앗의 RQ값은 대단히 높다. 이것은 당을 지방으로 할 때에 많은 CO_2를 방출하기 때문이다.

어쨌든 호흡에 쓰이는 물질이 무엇이라도 그것이 분해되면 에너지가 나온다. 이 에너지의 대부분은 흡수(吸水)를 비롯해서 생장, 운동, 물질 합성 등에 이용되며 일부는 열로서 밖으로 빠져나간다. 가령 보온병 안에 발아 중인 씨앗 또는 새싹을 넣어

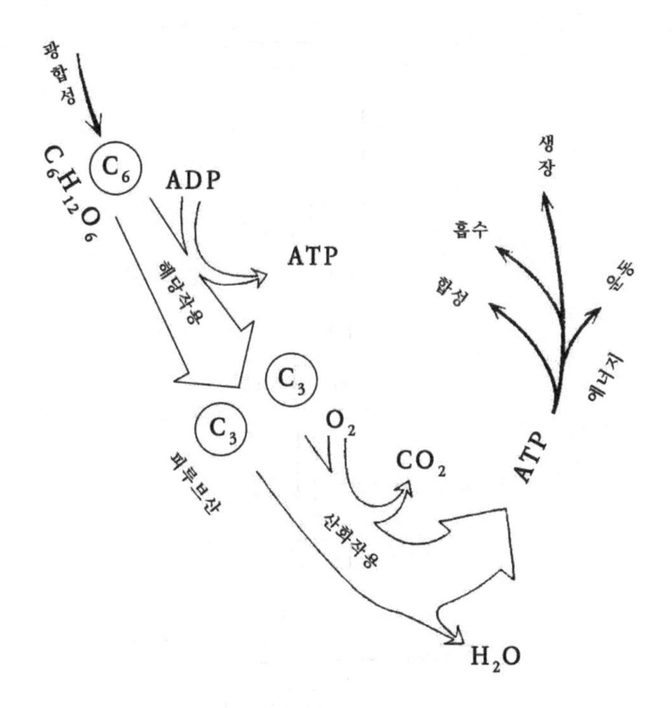

〈그림 65〉 에너지의 발생 과정

두면 병 내부 온도가 점점 올라간다. 바깥 기온이 15℃일 때 배(梨)의 새싹을 넣어 둔 보온병 내부 온도가 59℃나 되었다는 실험 보고가 있다.

ATP의 주역

호흡에 있어 에너지의 발생 과정은 전반과 후반으로 나뉜다. 이 점은 광합성의 경우와 비슷하다. 즉 그 전반은 해당작용(解糖作用)이고, 후반은 산화작용(酸化作用)이다.

해당작용에서는 먼저 당에 인(P)이 결합된 다음 2분자의 피루

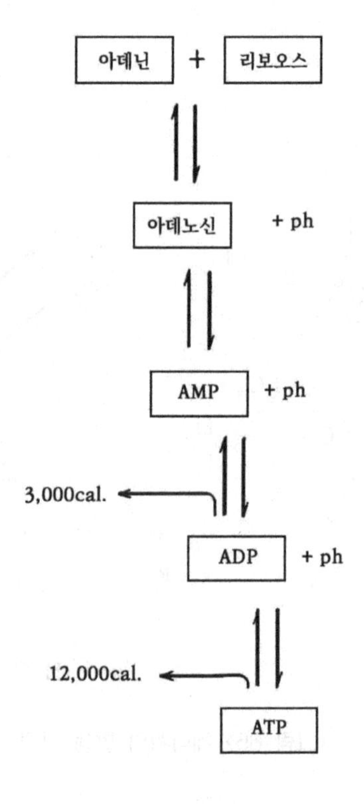

〈그림 66〉 ATP와 에너지

브산으로 갈라지는데 이때 ATP(Adenosine Triphosphate)가 생긴다. ATP가 생겼다는 것은 생활에 필요한 에너지가 마련됐다는 말이다. 왜 ATP 생성이 에너지 저장과 관련이 있는지를 알아보자.

ATP, 즉 아데노신 삼인산은 〈그림 66〉과 같은 구조를 하고 있다. Ph는 인을 함유한 간단한 물질(인산기)인데, 이 ph가 ATP로부터 떨어져 나갈 때 ATP는 12,000cal의 에너지를 방출한다. ATP에서 ph가 하나 떨어져나간 ADP(Adenosine Diphosphate,

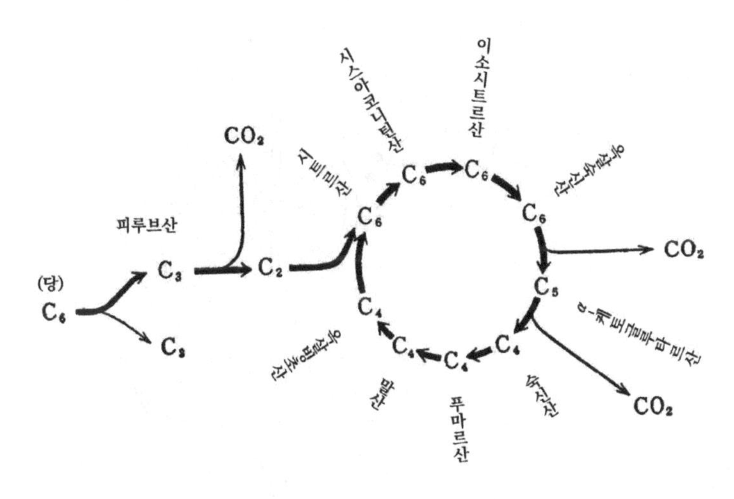

〈그림 67〉 크레브스 회로

아데노신 이인산)로부터 다시 ph가 하나 떨어져 나갈 때에는 3,000cal의 에너지가 방출된다. 그러므로 생체 내에 ATP나 ADP가 생겨 있기만 하면 필요에 따라 ph를 떼어 내고는 이때 방출되는 에너지로 생활작용(生活作用)을 추진한다.

해당작용에 의해서 2분자로 갈라진 피루브산(C_3, C 3개로 된 물질)은 일단 C 하나를 하나씩 떼어 내고 C가 2개인 물질(C_2)이 되었다가 C가 4개인 옥살빙초산(C_4)에 흡수(축합)되어 C가 6개인 시트르산(C_6)이 된다. 그러고는 이 시트르산은 벨트 컨베이어에 실린 것처럼 시스-아코니틴산(C_6), 이소-시트르산(C_6)을 거쳐 옥살숙신산(C_6)이 되고, 이것은 O_2로 산화되어 CO_2를 방출한 다음 C가 5개인 α-케토글루타르산(C_5)이 된다. 다시 이것이 산화되어 CO_2를 방출하고 푸마르산(C_4), 말산(C_4)을 거쳐 옥살빙초산(C_4)이 된다. C가 4개인 이 옥살빙초산은 피루브산(C_3)

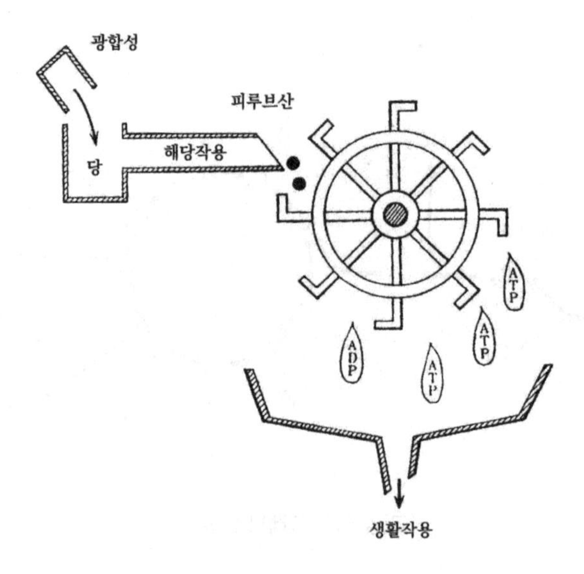

〈그림 68〉 호흡에 의한 ATP의 생산

에서 생겨난 C_2의 물질과 결합해서 다시 C_6인 시트르산이 된다.

이 호흡의 산화 회로가 알려진 지는 오래지 않다. 이 회로를 시트르산 회로, TCA 회로, 또는 크레브스(영국)의 공헌이 크다 하여 특히 크레브스 회로라 부르기도 한다.

이와 같이 2대 과정을 거치는 동안에 ATP, ADP 분자가 여러 개 생겨난다. 결국 호흡이라는 것은 복잡한 물질을 간단한 물질로 분해하여 그때 방출되는 에너지로 ATP(그리고 ADP)를 만드는 과정이다. 당 한 분자가 H_2O와 CO_2로 완전히 분해될 때까지 크레브스 회로에서만 20~30개의 ATP(또는 ADP)가 생긴다고 한다. 식물도 그렇지만 동물도 이렇게 ATP에서 AMP로 변할 때 방출되는 에너지로 여러 가지 생활작용을 한다(그림 68).

불완전호흡

다음으로 산소를 '소모하지 않는 호흡'에 대한 이야기를 해 보자. 어떤 식물이든 산소가 없는 방 안에 넣어 두면 호흡을 하지 못하기 때문에 H_2O를 방출하지 않을 것으로 생각되나, 한동안은 H_2O를 방출하면서 여전히 살아 있다. 사과씨는 산소가 없이도 몇 달씩 살아 있으며 또 어떤 균류는 산소가 없는 곳에서 오히려 더 잘 자란다. 이들은 산소를 이용하지 않고도 물질을 분해하여 그때 방출되는 에너지를 이용하고 있다. 이렇게 에너지를 얻는 과정을 **무기호흡(無氣呼吸)**이라 부른다. 토마토 과실은 가지에 달려 있을 때에도 무기호흡을 하고 있다.

물질의 분해에 있어 산소를 이용하지 않으면 그 능률이 떨어진다. 가령 $C_6H_{12}O_6$의 경우 CO_2와 H_2O로 완전히 분해되지 않고 중간생성물이 형성된다. 이처럼 분해가 채 되지 않은 물질이 생기는 과정을 **발효(醱酵)**라고 부른다. 모닥불을 피울 때 산소가 충분하면 나무는 CO_2, H_2O를 방출하면서 완전히 연소되어 재가 되고, 산소가 불충분하면 다 타지 않고 숯 또는 타다 남은 그루터기가 된다. 전자를 일반적인 호흡이라 한다면 후자는 발효에 해당한다. 그러므로 방출되는 에너지량은 일반적인 호흡의 경우가 훨씬 많다.

발효에 있어 숯이나 타다 남은 그루터기에 해당되는 물질은 알코올, 젖산, 프로피온산 등이다. 이들 중에는 우리에게 유용한 것이 많다. 그래서 호흡을 하고 있는 식물은 일부러 산소를 차단하여 발효를 강요하는 경우가 있다.

예컨대 효모균을 당이 들어 있는 항아리에 넣고 밀봉해 두면 처음 한동안은 산소를 이용해서 호흡을 하나 산소가 탕진되면

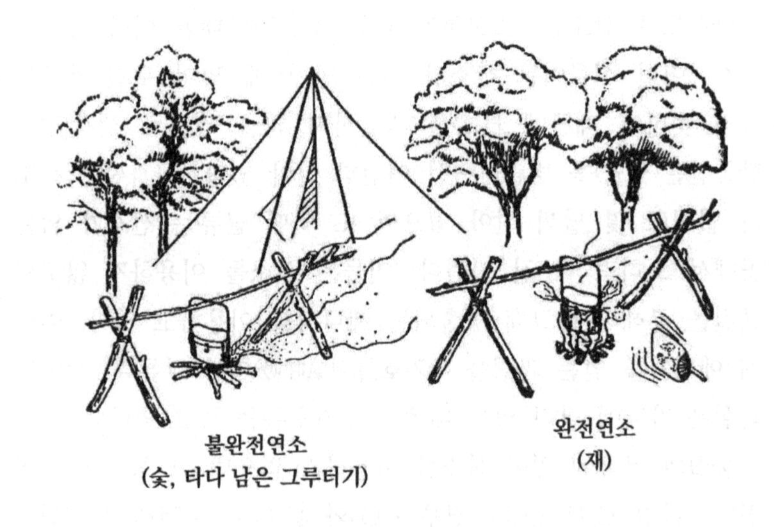

〈그림 69〉 발효와 호흡

발효하기 시작한다. 그래서 항아리 안에는 타다 남은 그루터기 격인 알코올이 생긴다.

호흡과 알코올 발효를 화학식으로 비교하면 다음과 같다.

호흡 $C_6H_{12}O_6 + 6O_2 \rightarrow 6CO_2 + 6H_2O + 686cal$

발효 $C_6H_{12}O_6 \rightarrow 2C_2H_5OH$(알코올) $+ 2CO_2 + 54cal$

이렇게 해서 산소를 이용하지 않고도 물질을 분해하여 에너지를 얻을 수 있으므로 식물은 산소가 없는 곳에서도 어느 정도 살아갈 수 있다. 산소를 차단당한 효모균은 항아리 안에서 억지로 살고 있으므로, 만일 이 효모균에 산소를 공급해 주면 효모균은 에너지를 충분히 이용할 수 있는 호흡을 하면서 당을

CO_2와 H_2O로 분해시킨다.

막걸리를 만들 때 도중에 뚜껑을 자주 열지 말라는 것은 이 때문이다.

생물은 단백질 덩어리

인체의 주요한 부분은 단백질로 되어 있다. 손가락, 팔, 얼굴, 머리털까지도 모두 다 주성분은 단백질이다. 세포 안에 있는 세포질, 핵, 식물의 엽록체 등도 단백질이다. 또 체내에서 일어나는 수많은 화학반응을 추진하는 효소도 단백질이다.

단백질은 아미노산이 여러 개 이어져 있는 것이므로 이것은 마치 녹말이 여러 개의 당으로 이어진 것과도 같다. 그런데 녹말이 포도당만으로 이어져 있는 데 비해 단백질을 형성하는 아미노산은 알라닌, 아스파라긴산, 류신 등 여러 가지 종류로 되어 있다.

또 당은 C, H, O의 세 가지 원소로 되어 있는 데 비해 아미노산은 이 세 가지 원소 외에 N(질소)이 끼어 있다. 즉 여러 가지 아미노산이 모여 형성된 단백질에는 N이 적지 않게 포함되어 있다.

이처럼 'N을 함유'하고 있는 점이 단백질의 한 특징이다. 식물은 광합성으로 만든 탄소화합물에 N을 끌어들여서 아미노산이나 단백질을 형성해 낸다. 생체에 N이 함유되어 있는 점은 동식물에 공통된 현상이다. 그런데 동물은 식물이 만들어 낸 탄소화합물이나 질소화합물을 가로채 먹고 있으므로, 다른 공급원으로부터 N을 섭취할 필요가 있다. 그러나 식물은 어떤 다른 수단으로든 N을 그 체내에 끌어들여야 한다. 만일 식물이

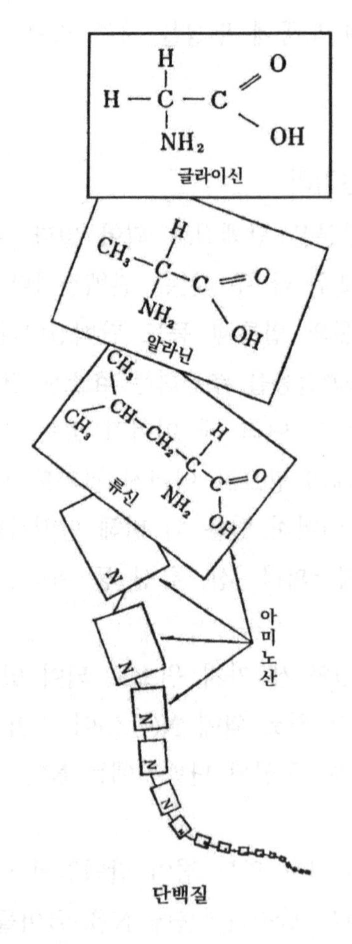

〈그림 70〉 아미노산과 단백질

N을 밖에서 끌어들이지 못하면 세포질도 핵도 효소도 형성할 수 없기 때문에 살아가지 못한다.

공기 안에는 80%나 되는 N이 함유되어 있으나 CO_2는

0.03%에 불과하다. 이 0.03%의 CO_2를 이용하고 있는 그런 유능한 식물이 80%나 되는 N을 이용하지 못할 리가 없지 않겠냐는 생각이 든다. 그렇다면 식물이 공기 중에서 C를 흡수하듯이 N도 그런 식으로 흡수하는 것일까? 이것을 밝혀 보는 방법으로는 수경 재배법(水耕栽培法)이 가장 편리하다.

흙 대신에 여러 가지 식물 양분이 들어 있는 배양액, 이를테면 크놉 또는 작스의 처방액에다 식물을 기르고 있는 광경은 대학 또는 시험장에서 흔히 볼 수 있다. 수조 안에 뿌리를 드리운 식물이 탐스러운 참외나 멜론 열매를 달고 끄떡없이 자라고 있다. 단지 뿌리가 물속에서 드리워 있으므로 식물이 자신의 몸을 가누지 못하기 때문에, 노끈이나 막대로 적당히 제 모습을 지탱하고 있는 점이 땅에서 자라고 있는 것과 다를 뿐이다.

이처럼 성가시게 일부러 용액에다 식물을 기르는 것, 즉 수경 재배를 하는 것은 신기한 기술을 과시하려는 것이 아니라 식물이 생육 중에 뿌리로부터 흡수하는 물질의 양이나 종류가 정확히 파악되기 때문이다.

질소의 반입자

〈그림 71〉에서와 같이 Ⅰ, Ⅱ, Ⅲ의 용기를 준비하고 Ⅰ에는 물만을, Ⅱ에는 N, P, K, Ca, Mg 등 생육에 필요한 원소를 전부 녹인 용액을, Ⅲ에는 N만을 제외하고 Ⅱ와 같은 용액을 넣고 똑같은 식물을 각각 이들 용기 안 용액에 뿌리가 충분히 드리우도록 해서 양지바른 곳에다 놓아둔다.

식물은 광합성을 하면서 탄소화합물(당, 녹말)을 만든다. 만일 식물이 공기 중의 N을 흡수, 이용해서 질소화합물(아미노산, 단

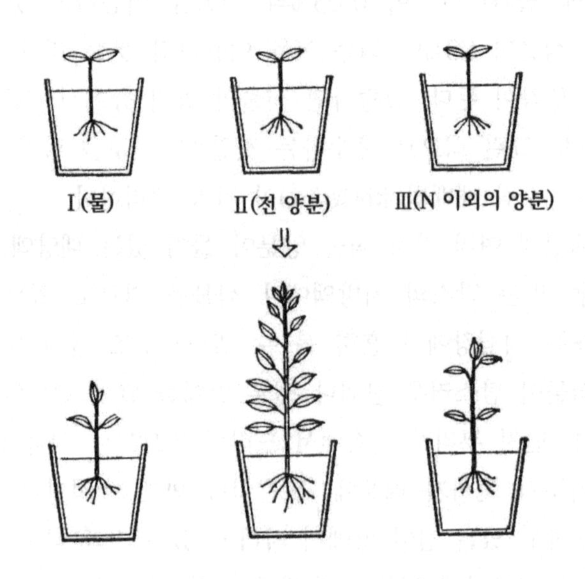

〈그림 71〉 수경법에 의한 실험

백질)을 합성하는 것이라면 Ⅱ와 Ⅲ의 식물은 모두 비슷하게 자라야 한다. 그런데 Ⅱ의 식물은 쭉쭉 자라나는 반면 Ⅲ의 식물은 Ⅰ의 식물처럼 생육이 부진하고 얼마 안 가 잎이 누렇게 뜨면서 급기야는 말라 죽고 만다.

도중에서 Ⅰ, Ⅱ, Ⅲ의 식물체를 분석해 보면 Ⅰ, Ⅲ의 식물에서는 N의 양이 처음 심었을 때와 같지만 Ⅱ의 식물에는 N화합물이 많이 들어 있다. 이 사실로 미루어 "식물은 N을 물에서 흡수할 뿐 공기 중에서는 흡수하지 않는다"는 것을 알 수 있다.

식물 잎에는 건물량(乾物量: 건조시켜 측정한 무게)으로 따져 1~5%의 N이 함유돼 있으므로 식물이 이 N을 뿌리에서만 흡수하는 것이라면 삼림의 흙 속에는 N이 하나도 남아 있지 않을 것이다. 그러나 삼림의 흙을 퍼다가 화분에 담고 식물을 심어 보면 별일 없이 제대로 자란다. 사실 그 안에도 식물이 심어져 있지 않은 곳의 흙과 마찬가지로 N이 들어 있다.

이처럼 지구 표면의 흙은 삼림이건 황무지건 관계없이 거의 비슷한 함량의 N을 함유하고 있다. 더구나 이 N의 함량은 예나 지금이나 거의 변함이 없다. 따라서 누군가 흙 안에다 N을 갖다 넣었다고 보는 수밖에 없다.

사실 생물의 유체가 땅속에서 분해되면 N이 보충되는 셈이다. 또 동물의 분뇨도 흙 속에 N을 보태 주기는 한다. 그러나 생물이 없는 곳의 흙 속에도 N이 함유돼 있다. 그 밖에 동물의 분뇨로 흙 속에 N이 많이 있다 해도 비나 개울물에 씻겨 나가기도 하므로 N이 전부 식물에 이용되는 것만은 아니다. 그렇다면 막대한 양의 N이 끊임없이 흙 속에 보급되는 것으로 보아야 한다. 그럼 누가 흙 속에 N을 공급하고 있나?

누누이 말하지만 공기의 약 80%는 N이다. 그렇지만 식물은 N을 잎으로 흡수하지 못하고 뿌리로 흡수한다. 뿌리 끝부분에 있는 모근이 땅속의 물을 흡수할 때 그 N이 NO_3^-(질산이온) 또는 NH_4^+(암모늄이온)의 형태로 물에 녹아 있으면 N은 다른 이온과 함께 모근세포 속으로 흡수된다. 그러니까 누군가 공기 중의 N을 NO_3^- 또는 NH_4^+으로 바꾸어 주면 식물은 공기 중에 한없이 많은 N을 마음껏 이용하지 않겠는가.

천둥과 근류균

천연적으로 공기 중의 N을 질소화합물로 변환시켜 주는 것 중에 천둥을 꼽을 수 있다. 천둥은 공중방전에 의하여 공기 중의 N을 간단한 질소화합물로 만든다. 그 후 이것은 빗물에 녹아 질산이 되어 땅 위에 쏟아진다.

예부터 "번개가 잦은 해는 풍년이 든다"고 전해오고 있는 것은 이처럼 공중방전으로 생겨난 질산이 식물에 흡수되기 때문일 것이다. 공중방전으로 보급되는 N의 양은 5천 평당 해마다 평균 1㎏은 되리라고 계산된다. 이렇게 생긴 N은 적지 않은 양이 빗물이나 개울물에 씻겨 내려간다. 그러므로 공중방전에 의해 보급되는 것만으로 땅속의 N 함량이 해마다 일정하게 유지되기는 어렵다.

공기 중의 N을 식물이 흡수할 수 있는 형태로 만들어 땅속에 공급하는 주역은 땅속에 살고 있는 박테리아다. 땅속에는 여러 가지 종류의 박테리아가 살고 있다. 이들 중 공기 중의 N을 식물에 공급하고 있는 대표자는 근류(뿌리혹) 박테리아다. 이 박테리아는 1945년에 노벨상을 받은 핀란드의 비르타넨에 의해 처음 소개되었다.

밭 또는 들판에 있는 콩과 식물을 뽑아 보면 뿌리에 작은 혹이 많이 달려 있다. 이 혹을 면도날로 갈라서 현미경으로 보면 그 혹 안에 근류 박테리아가 우글거리고 있다. 이 근류 박테리아는 세계주의자라서 세계 도처 어느 흙에서나 살고 있다. 이 박테리아는 콩과 식물이 눈에 띄기만 하면 뿌리로 파고들어 거기서 기생 생활을 시작한다.

이 박테리아는 땅속 흙 알갱이 사이에 들어 있는 공기 중의 N을 흡수하여 질소화합물을 만들어, 자신도 이를 이용하면서 기생하고 식물 뿌리에도 도움을 준다. 사실은 박테리아가 질소화합물을 만들 때 필요한 탄소화합물은 식물 뿌리로부터 흡수

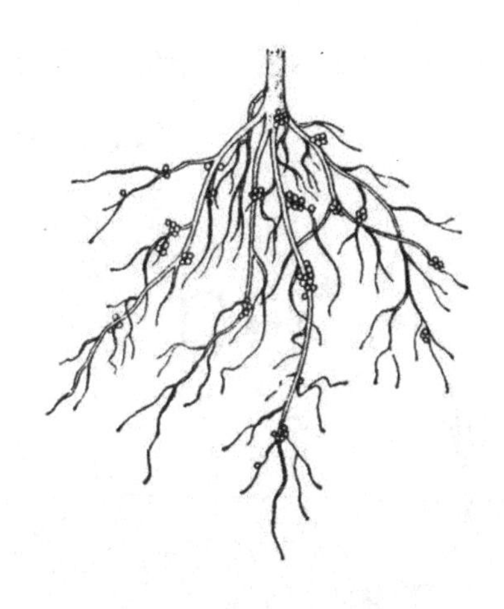

〈그림 72〉 콩과 식물의 근류

하는 것이므로 기생한다기보다는 공생한다고 해야 옳다. 근류 박테리아가 이렇게 공기 중의 N을 이용해서 아미노산, 단백질 등을 만들기 때문에 콩과 식물은 질소비료가 많지 않아도 생육할 수 있다. 근류 박테리아가 있는 흙과 전혀 없는 흙으로 콩과 식물을 재배해 보면 박테리아가 있는 흙에서 훨씬 잘 자란다.

근류 박테리아가 공기 중에서 흡수하는 N의 양은 5천 평 정도의 알팔파(자주개자리: 콩과 식물)밭의 경우 연간 약 1~2만 킬로그램으로 추산된다. 천둥으로 보급되는 양과는 비교도 안 되는 막대한 양의 N을 근류 박테리아가 땅속에 공급한다. 가을에 콩과 식물이 죽으면 다시 흙 속에서 월동을 하고 이듬해 또다시 어린 콩과 식물 뿌리로 들어가 공기 중의 N을 이용해서 질소화합물을 합성한다.

이 질소화합물은 앞에서 말한 것처럼 박테리아 자신의 생활

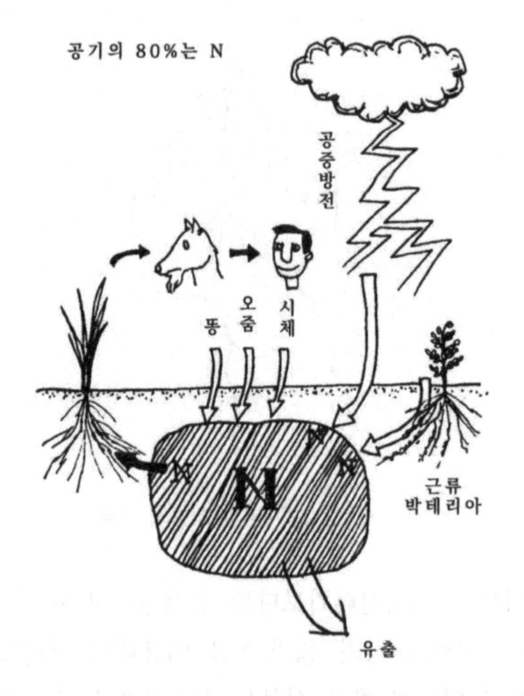

〈그림 73〉 질소의 공급원

에 이용할 뿐만 아니라 식물 뿌리에 공급하면서 뿌리 주변의 흙 속에도 더러 공급한다. 그러므로 콩과 식물이 아닌 식물들도 근류 박테리아의 신세를 지는 셈이다. 초식동물은 이 식물들을 섭취해서 필요한 N을 보급받고 육식동물은 이 초식동물을 섭취함으로써 필요한 N을 충당하고 있다.

이렇게 해서 우리 신체도 질소화합물로 가득 차 있다. 이 N의 근원을 캐 보면 공기 중에 있던 것들이다. 따라서 우리 신체의 99%는 공기와 물로 되어 있다고 볼 수 있다.

7장
빛과 식물

태초에 빛이 있었노라

광합성은 글자 그대로 빛을 이용해서 물질을 합성한다는 것이다. 그러나 빛은 광합성 이외에도 식물의 생활에 있어 여러 면으로 관계하고 있다.

빛을 쫓아 움직이는 식물이 있는가 하면 빛을 쬐어야만 꽃을 피우는 식물이 있다. 또 하루 동안에 쬐는 명암의 길이를 기준으로 해서 꽃눈을 형성하는 식물도 있다. 씨앗 중에는 빛을 꼭 쬐어야 발아하는 것, 반대로 빛이 쬐는 곳에서는 발아를 하지 않는 것이 있다.

또 빛은 간접적으로 식물의 생활에 영향을 끼치기도 한다. 예컨대 꿀벌은 태양을 기준으로 해서 꽃의 위치를 알아낸다. 그러므로 빛이 없으면 수분(受粉)도 안 된다. 그러면 씨앗이 여물지 않아 씨앗으로 번식하는 식물은 멸종된다. 이와 같이 식물은 빛에 의해서 태어나 빛과 더불어 살아가고 있다. 또 동물은 이 식물에 의존해서 살아간다. 결국 빛이 없으면 생물도 존속할 수 없다. "태초에 빛이 있었노라"는 성경 말씀은 참으로 깊은 의미를 지니고 있다.

그러면 빛과 관련이 있는 현상의 대표로서 광주성(光週性)과 씨앗의 발아에 대한 이야기를 해 보자.

해가 짧아야 꽃을 피운다

1492년에 콜럼버스가 문명인에게 담배를 소개한 이래 사람들은 니코틴의 노예가 되어 담배의 재배, 연구를 여기저기서 하고 있다.

미국 농무성 시험장에서 담배 연구를 하고 있던 가너는

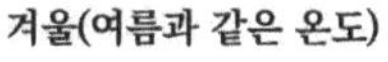

여름

〈그림 74〉 계절과 담배꽃

1920년 신기한 현상에 직면하게 되었다.

메릴랜드 매머드란 담배 품종은 미국 워싱턴 근방에서는 여름철에 그 작황이 대단히 좋아서 수량이 높은 우수한 품종으로 알려져 있다. 그래서 이들은 이 품종을 온실에서 재배하면 겨울에도 잎담배를 여름처럼 생산해 낼 수 있을 것이라 생각하고 이 품종을 온실에 심은 다음 여름의 기온과 똑같이 해 주었다. 그러나 이 담배 모종은 비슬거리면서 키만 훌쩍 자라서 꽃만 잔뜩 피웠다. 식물은 일반적으로 꽃을 많이 피우면 거기에 양분을 많이 빼앗기고 잎은 작아진다. 따라서 잎의 수확을 위주로 하는 작물은 꽃이 늦게 피어야 하고, 많이 피지 않아야 한다.

그래서 이들은 이러한 식물의 생리를 캐 보기로 했다. '겨울에는 왜 잎이 적고 꽃이 빨리 피는가?' 온도 이외에 여름과 겨울의 차이라면 해의 길이밖에는 없다. 그리하여 이들은 여름철에 아침저녁으로 밭에 심은 담배에 차광물질로 햇빛을 차단해서 해의 길이를 겨울처럼 조절해 보았다. 아니나 다를까 담배는 겨울 온실 안에서처럼 꽃을 피웠다(일반적으로 연초식물은 조광 시간이 길어야 꽃이 잘 핀다. 이 메릴랜드 매머드 담배 품종은 보통 품종과는 다르다).

이렇게 해서 이들은 겨울철에 잎담배 수확을 올리는 데는 실패했지만 "조광 시간을 짧게 하면 꽃을 피울 수가 있다"는 상상도 못 했던 신비스런 사실을 발견했다.

광주성의 의미

그 후 담배 이외의 식물들도 하루 동안의 명암 길이에 따라 꽃을 피우기도 하고 안 피우기도 한다는 사실이 알려졌다. 교과서에도 단일식물(短日植物)이니 장일식물(長日植物)이니 하면서 그 현상에 대해서 설명되어 있다. 그러므로 독자들도 이미 잘 알고 있는 현상이겠지만 혹시 독자가

'하루 일조 시간 12시간 이하에서 꽃을 피우면 단일식물, 12시간 이상에서 꽃을 피우면 장일식물이다'

라고 생각한다면 이 기회에 깨끗이 잊어버려야 한다.

식물들은 하루 동안의 명암 시간 길이에 따라 꽃을 피우기도, 안 피우기도 한다. 이것은 광주성이라는 것이다.

"광주성이란 하루 동안 명암의 상대적 길이에 대해 식물이 나타내는(반응하는) 성질이다."

따라서 꽃이 핀다, 안 핀다만이 광주성인 것은 아니다. 다음 〈표 7-1〉과 같이 뿌리의 생장, 덩이줄기나 씨앗의 발아에도 광주성이 있다.

〈표 7-1〉 명과 암의 길이에 대한 영향(가을 해당화)

밝은 시간/일	착화	덩이줄기 형성	덩이줄기의 착아	씨앗의 발아
6	++	++	-	-
8	++	++	-	-
12	+	++	-	++
16	-	+	+	++
20	-	+	++	++
24	-	+	++	++

가을 해당화는 밝은 시간이 짧을 때 착화가 되고, 길면 착화가 안 된다. 그러나 덩이줄기의 착아, 씨앗의 발아는 밝은 시간이 길어야 한다.

이와 같이 동일 식물체에 있어서도 부위, 즉 기관에 따라 명암에 대한 반응이 다르다. 그러므로 광주성이라는 현상은 그리 간단하지 않다. 하지만 명암의 영향이 착화에 있어 두드러지게 나타나기 때문에 광주성이라 하면 으레 착화 여부에 흔히 쓰이는 용어로 알려져 있다.

한계는 12시간이 아니다

가을 해당화는 하루 12시간 이상 빛을 쪼이면 착화하지 않는다. 이와 같이 하루 동안 밝은 시간과 어두운 시간의 길이에 따라 착화 여부가 달라지는 식물이 적지 않다. 명암이 몇 시간이어야 착화되는가는 식물 종류에 따라 각양각색이다.

다음 〈표 7-2〉는 밝은 때가 어느 시간 이하일 때 착화를 하는 단일식물의 예시이다.

〈표 7-2〉

단일식물	한계 일조 시간 (이 이하일 때 착화가 되는 시간)
코스모스	12
담배(메릴랜드 매머드 종)	13
대두	14
국화	14
도꼬마리	15

즉 담배(메릴랜드 매머드 종)는 13시간 동안이나 밝은 곳에 두어도 착화가 되고, 도꼬마리는 14시간 이상 빛을 쪼여도 착화가 된다. 그런데도 이 식물들이 전형적인 단일식물이라 불리는 것은

"하루의 일조 시간이 어느 시간 이하일 때에만 착화하는 식물을 단일식물이라 부른다"

는 표현상의 제약 때문이다. 이 어느 시간 이하라는 것은 12시간과는 전혀 관계가 없고 식물 종류에 따라 정해져 있다(표 7-2). 가령 하루의 일조 시간이 11시간일 때에도, 12시간, 13시간일 때도 착화가 되는데 15시간 이상이 되면 착화가 안 되는 식물(도꼬마리)이 있다고 하자. 이것도 어엿한 단일식물이다. 그러므로 14시간의 일조를 받고 착화하는 식물이 있다고 해도 이상한 것이 아니다. 오히려 단일식물 중에는 일조 시간이 12시간 이상일 때 착화하는 것이 많다.

〈그림 75〉는 단일식물인 국화로, 이에 대한 설명을 한 것이다.

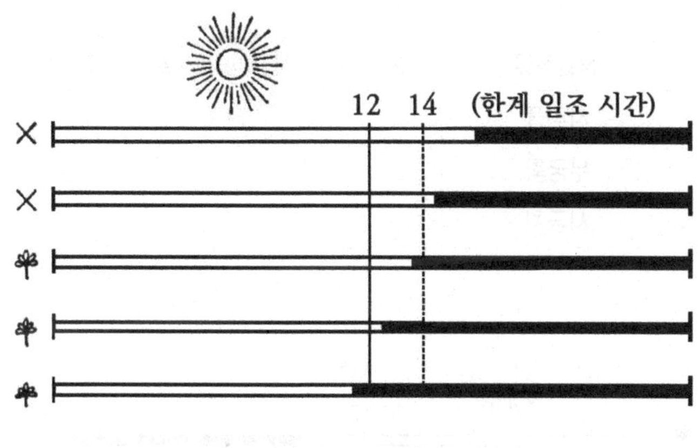

〈그림 75〉 단일식물과 일조 시간

국화의 한계 일조 시간은 14시간이다. 따라서 14시간 이하일 때는 언제든지(12시간 이상일 때도) 착화한다. 그러나 14시간 이상 일조 시간이 계속되면 착화를 못 한다.

"이와는 반대로 하루의 일조 시간이 어느 시간 이상일 때만 착화하는 식물을 장일식물이라 부른다."

장일식물의 경우도 어느 시간이라는 말은 12시간과 관계가 없다. 그러므로 12시간 이하의 일조 시간으로도 착화하는 장일식물도 많다. 다음의 〈표 7-3〉은 밝은 시간이 이 이상으로 길면 착화한다는 한계 일조 시간을 표시한 것이다.

사리풀은 전형적인 장일식물이지만 12시간도 안 되는 11시간의 일조만 받아도 착화한다. 〈그림 76〉은 이에 대한 설명이다.

사리풀의 한계 일조 시간이 11시간이므로 이 이상, 즉 11, 12, 13시간의 일조에서는 언제든지 착화가 된다. 하지만 11시간 이하가 되면 착화가 안 된다. 식물은 명암에 대해 이러한

〈표 7-3〉

장일식물	한계 일조 시간(이 이상일 때 착화)
사리풀	11
무궁화	13
시금치	14

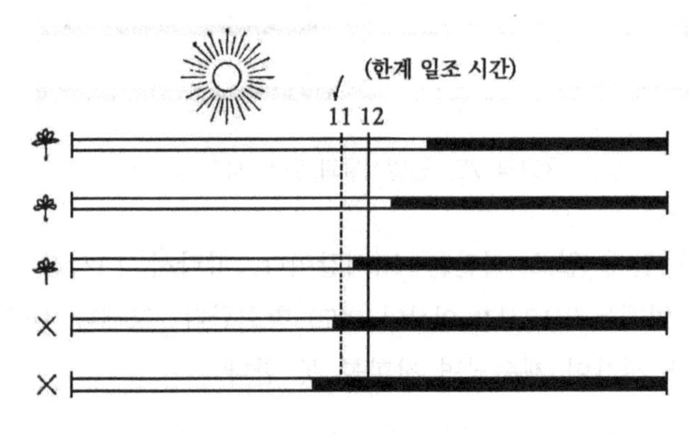

〈그림 76〉 장일식물과 일조 시간

반응을 나타내는 것이어서 만일 12시간을 경계로 하여 나눈다면, 대다수의 식물은 양쪽의 성질을 가지고 있으므로 장일식물과 단일식물의 구별이 안 될 것이다.

명암의 길이가 착화 여부를 좌우한다고는 하나 이것이 어느 식물에나 적용되는 것은 아니다.

"하루의 일조 시간 길이와 관계없이 착화하는 식물을 중간성식물이라 부른다."

토마토, 옥수수, 금어초, 오이 등은 일조 시간과 관계없이 어느 정도 자라기만 하면 꽃을 피우기 시작한다. 가령 옥수수의 경우 우리나라에서는 한여름 방학 철에만 수확하지만 하와이 같은 열대 지방에서는 파종 시기를 조금씩 떨어뜨리면 1년 내내 옥수수를 따 먹을 수 있다. 또 토마토 품종 중에는 줄기의 마디 수가 15마디만 생기면 착화를 하는 것이 있다.

암흑 속에서 만들어지는 플로리겐

식물은 어느 크기만큼 자라지 않으면 착화를 하지 않는다. 그러다 착화가 시작되는 것은 그 체내에 플로리겐〔개화(開花)호르몬, 조화(造花)호르몬, 최화(催花)호르몬〕이라는 물질이 생기기 때문이다. 이 플로리겐의 생성이 식물에 따라 다르기 때문에 단일, 장일, 중간성 등의 구별이 생기는 것이다. 단일식물인 도꼬마리의 예를 들어 보자.

도꼬마리는 앞의 〈표 7-2〉에서 보는 바와 같이 15시간 이하의 일조를 받았을 때에만 착화하는 단일식물이다. 하루의 일조 시간이 15시간이어야 한다는 것은 어두운 시간이 9시간 이상 필요하다는 이야기도 된다. 도꼬마리는 이 9시간이라는 어두운 시간 동안에 플로리겐을 만들고 있다. 플로리겐은 이 어두운 시간 동안 잠깐이라도 빛이 쪼이면 그 생성이 중단된다. 따라서 어두운 시간이 9시간 이상 계속해서 유지되어야만 플로리겐이 생겨난다.

사람은 밤중에 화장실에 갔다가도 그 전후로 4시간만 충분히 자면 되지만, 도꼬마리는 도중에 빛을 보게 되면 비록 그 전후에 5시간씩 어두운 시간이 있어도(도합 10시간) 플로리겐을 만들지 못한다. 그러니까 단일식물은 빛을 싫어하는, 즉 어두운 밤을 좋아하는 식물이라고 할 수 있다. 그러므로 단일식물이라

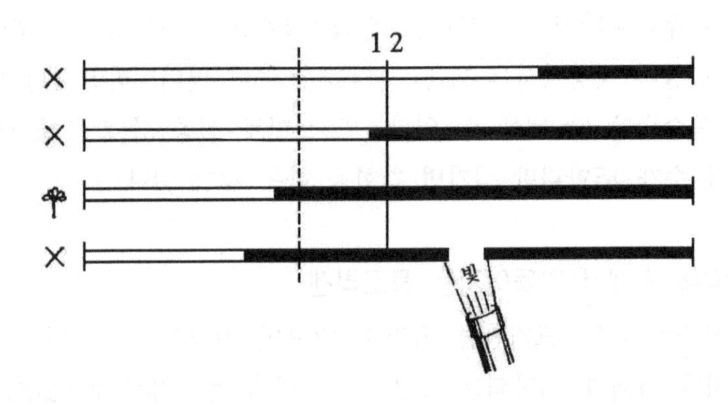

〈그림 77〉 암기의 중단 영향

부르는 대신 호암식물(好暗植物)이라 불러야 마땅하다고 주장하는 학자도 있다.

이렇듯 단일식물은 긴 밤이 있어야만 착화한다. 메릴랜드 매머드 종의 담배가 여름에는 잎이 무성하고, 겨울에는 온도를 여름처럼 올려 주어도 잎은 무성해지지 않고 꽃을 피우는 것은 이 품종이 밤을 좋아하는 단일식물이기 때문이다. 이것을 반대로 이용해서 꽃이 피어서는 안 되는 식물에 착화를 저지할 수도 있다. 가령 꽃이 피게 되면 수확량이 줄어드는 사탕수수(단일식물)밭에 조명을 장치해서 한밤중에 잠깐 동안 빛을 쬐이면 사탕수수는 플로리겐의 생성이 중단되어 꽃을 피우지 못한다. 대신 개화에 소모하는 만큼의 양분을 잎이나 줄기에 돌려주기 때문에 설탕의 수확량이 많아진다.

사실 장일식물도 어두울 때에 플로리겐을 만들고는 있지만 동시에 착화를 저해하는 물질도 만들어 낸다. 그러므로 밤이 지나치게 길면 플로리겐이 생성되었다 해도 착화 작업이 진행되지 않는다.

환상의 물질

플로리겐은 잎에서 만들어져 줄기를 통해 다른 부분으로 이동한다. 가령 단일식물의 어떤 한 잎사귀에 어두운 시간을 충분히 유지해 주면 다른 가지에도 꽃이 피어난다. 이것은 플로리겐이 이동한다는 증거다. 도꼬마리 가지를 어두운 기간을 짧게 하여 처리한 것과 길게 하여 처리한 것을 중턱에서 서로 접착시켜 놓으면 길게 처리한 가지뿐만 아니라 짧게 처리한(플로리겐 형성이 안 된) 가지로 옮겨 가기 때문이다(그림 79).

일본의 다키모토(1966)는 단일식물인 나팔꽃으로 플로리겐의 이동 속도가 시간당 50㎝임을 알아냈다. 그 방법은 나팔꽃 줄기 끝에 붙어 있는 2~3잎을 남겨 두고 나머지 잎들을 따 버린 다음, 남아 있는 잎에 긴 암처리(暗處理)를 하는 것이다. 그 후 처리된 부분을 끊어 버리고 이것을 밝은 곳에 옮겨 착화 여부를 관찰한다. 가령 암처리를 하고 2시간 후 처리된 부분을 끊어 낸 것의 하위 잎에 착화가 되면, 이는 플로리겐이 2시간 후에 그 줄기 아래쪽으로 이동했다는 이야기가 된다.

이처럼 플로리겐이 존재한다는 것은 분명하지만 그 플로리겐이라는 것이 어떤 물질인지는 아직 알려져 있지 않다. 분명 식물로부터 추출해서 순화하는 동안에 식물에 꽃을 피우는 작용이 소실되기 때문일 것이다. 어떤 종류의 유기산일 것이라는 학설도 있기는 하나 현재로서는 완전히 환상의 물질이다.

만일 플로리겐의 정체가 밝혀져 이것이 인공적으로 합성이 되면 퇴근길 백화점에서 플로리겐을 사다가 식물에 뿌리기만

〈그림 78〉 암흑에서 생성되어 꽃을 피우는 플로리겐

〈그림 79〉 이동하는 플로리겐

해도 꽃이 탐스럽게 또는 많이 피어나지 않겠는가? 이 환상의 물질이 그 정체를 드러낼 날도 그리 멀지 않을 것이다.

흙을 덮으면 발아하지 않는다

소풍 갔던 어린이가 이름 모를 풀 씨앗 한 알을 화분에 심었다. 손가락으로 흙을 파고 그 안에 정성스럽게 씨앗을 집어넣은 다음 흙을 덮어 꼭꼭 눌러 놓았다. 그리고 또 다른 씨앗을 얕게 심고 흙을 살짝 덮었다. 며칠이 지났다. 깊숙이 정성스레 심은 씨앗은 발아가 되지 않았는데 얕게 심은 씨앗은 발아가 되어 쭉쭉 자라났다.

어린이는 '죽은 씨앗을 심었구나' 하고 싹이 터서 자란 모종만을 밭에 옮겨 심었다.

싹트지 않는 씨앗…, 물론 발아력을 잃는 씨앗도 있다. 그러나 씨앗 중에는 빛을 보아야만 발아하는 것이 있다. 그러므로

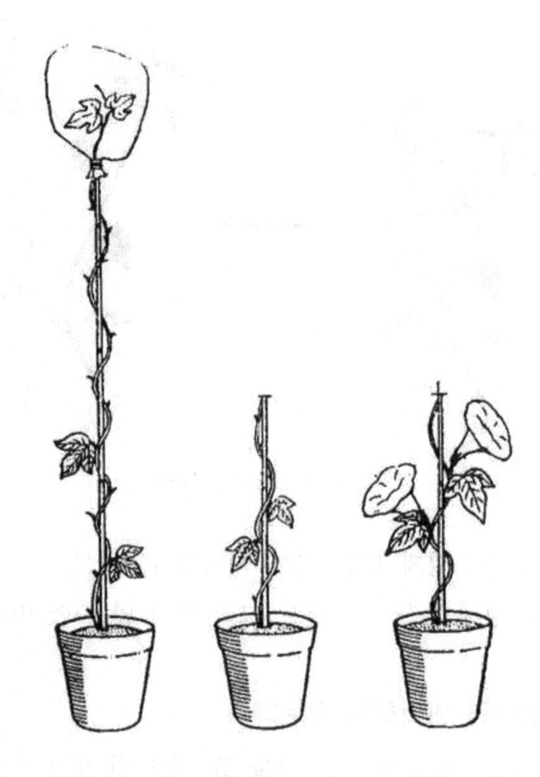

〈그림 80〉 플로리겐의 이동 속도 측정

이런 씨앗은 비록 발아력이 있다 해도 흙을 덮어 버리면 발아가 안 된다. 빛을 보지 않고는 발아하지 않거나, 발아가 잘 되지 않는 씨앗을 **명발아종자**(明發芽種子)라 부른다. 이와는 반대로 빛을 보기만 하면 발아가 안 되는 씨앗을 **암발아종자**(暗發芽種子)라 부른다. 이들의 예를 들어 보자.

명발아종자 — 담배, 겨우살이, 상추, 파슬리, 끈끈이대나물

암발아종자 — 참비름, 맨드라미, 흑종자초

〈표 7-4〉 빛을 쬐인 시간과 담배 씨앗의 발아(1,500lux, 1/90초)

빛을 쬐이는 시기(파종 후의 시간)	발아율(%)
1(시간 후)	3
2	12
3	30
4	39
5	42
6	40
7	60
8	76
10	41
12	48

호박, 오이, 시클라멘 등의 씨앗은 빛을 안 보면 발아가 잘 되나 빛을 보면 발아가 잘 안 된다. 따라서 이들도 암발아종자의 성질이 있다.

담배 씨앗은 명발아종자이므로 어두운 곳에서는 발아하지 않는다. 가령 배양접시에 물기가 있는 탈지면을 깔고 그 위에 담배 씨앗을 놓아둔 다음 이 접시를 암실에 오래 두면 끝내 발아를 하지 않는다. 그러나 빛을 쬐이면 곧 발아가 된다. 발아에 필요한 광량은 대단히 적다. 사진 찍을 때처럼 1/90초라는 잠깐 동안의 빛으로도 발아가 된다. 발아가 될 때 일어나는 여러 가지 화학반응 중 어떤 단계에 있어 광합성 때처럼 광화학반응 같은 과정이 있는 것 같다. 그리고 빛이 필요한 시기는 파종 후 얼마가 지나서다. 가령 배양접시에 파종을 한 지 한 시간 후에 빛을 쬐인 것은 발아율이 3%밖에 안 되나 8시간 후에 빛

〈표 7-5〉 빛의 세기와 흑종자초 씨앗의 발아

빛의 세기(촉광, foot-candle)	발아율(%)
0(촉광)	72
1	26
1.4	22
2.8	0
5.2	0
9.8	0
15.5	0

을 쬐인 것은 80% 가까이 발아한다. 담배 씨앗은 빛이 없으면 발아하지 않으므로 담배를 재배하려면 담배밭에 파종을 한 다음 물을 뿌리고 빛이 투과되는 비닐 필름 또는 거적을 덮어 둔다(표 7-4).

이와는 반대로 암발아 씨앗은 빛을 보면 발아가 안 된다. 앞의 실험에서는 빛의 세기를 1,500lux, 노출 시간을 1/90초로 했다. 이번에는 흑종자초(금봉화과)에 세기를 다르게 해서 빛을 쬐여 보았다. 그 결과는 〈표 7-5〉와 같았다.

흑종자초 씨앗은 빛이 강할수록 발아율이 떨어져 2.8촉광 이상에서는 전혀 발아가 안 된다.

적색은 진행, 적외선은 정지

씨앗 발아에 영향을 미치는 빛의 종류는 파장 6,400~6,700Å(Å=1억분의 1㎝)인 적색광과 파장 7,200~7,500Å인 적외선이다. 그리고 적색광은 촉진적으로, 적외선은 저해적으로 작용한다(그림 81). 그래서 명발아 씨앗은 붉은색 빛을 흡수하는 색

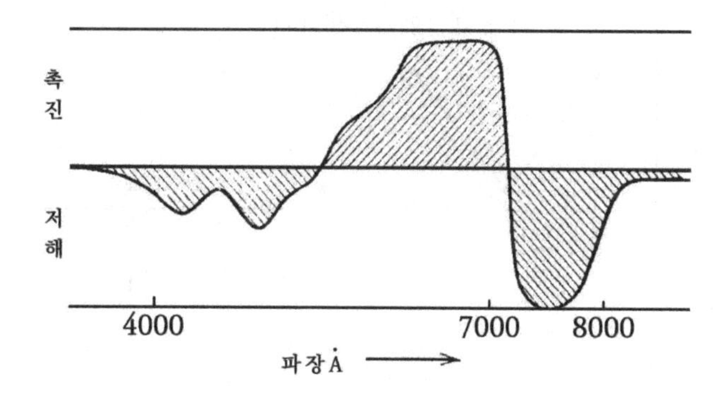

〈그림 81〉 상추 씨앗의 발아와 빛

소를 지니고, 암발아 씨앗은 적외선을 흡수하는 색소를 지닐 것이라 생각한다.

그런데 1956년에 이르러 상추, 광대나물 등의 씨앗에 적색광과 적외광을 번갈아 쬐였더니 마지막에 쬐인 빛에 의하여는, 즉 적색광의 경우는 발아가 촉진되나 적외광의 경우는 저지됨을 알았다.

적색광에 쬐인 씨앗은 원칙적으로는 발아가 되어야 한다. 그러나 적색광을 쬐인 다음 이어 적외선을 쬐이면 발아가 안 된다. 이 빛의 질과 발아에 대한 영향의 메커니즘은 아직 완전히 밝혀지지 않고 있으나 현재 가장 신빙성이 있는 것으로는 블랙(1954)의 시안이 있다.

즉, 명발아 씨앗인 상추 씨앗 속에는 P_1과 P_2의 색소가 들어 있는데 이들은 서로 변신($P_1 \rightleftarrows P_2$)할 수가 있다. P_1은 적색광에 의하여 P_2로, P_2는 어두운 곳에서 서서히 P_1으로 되돌아가는데

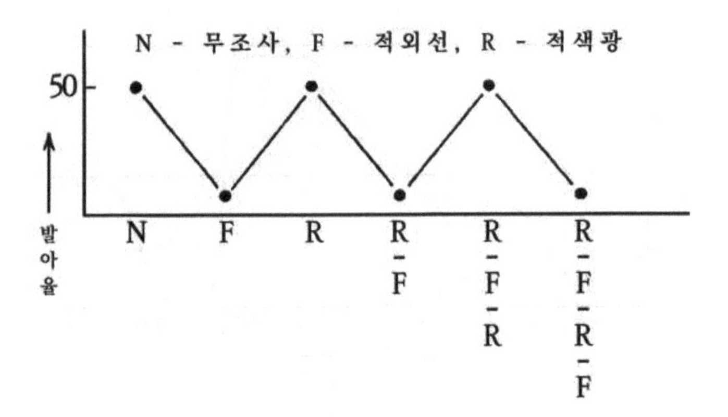

〈그림 82〉 적색광, 적외선의 교번 조사

적외선을 쬐이면 그 복귀가 빨라진다. P_2의 색소는 S라는 물질을 X로 만드는 작용이 있다. 이 X는 또 Z로 변하는데, Z의 물질이 어느 농도가 되면 그때서야 발아가 시작된다(그림 82).

그러므로 적색광을 쬐이면 P_2가 형성되어 발아물질을 생성하는 방향으로 진행되나 적외선을 쬐이면 P_1이 생기기 때문에 발아물질이 형성되지 않는다. 즉 빛은 씨앗의 발아를 지배한다.

씨앗에는 엽록체가 없으므로 이 경우 빛을 받는 P_1, P_2라는 물질은 엽록체는 아니다. 아직 그 정체를 모르지만 피토크롬이라는 이름으로 불린다. 이 피토크롬은 씨앗뿐만 아니라 식물체의 다른 기관에도 함유되어 있는 것으로 생각되어, 앞으로 식물과 빛의 관계를 해명하는 데 있어 중요한 역할을 할 것으로 여겨진다.

끝으로 빛을 좇는 현상의 전형적인 실례로서 배지가 마련되어 있는 배양접시 안에다 일종의 이끼 포자를 발아시키면 포자

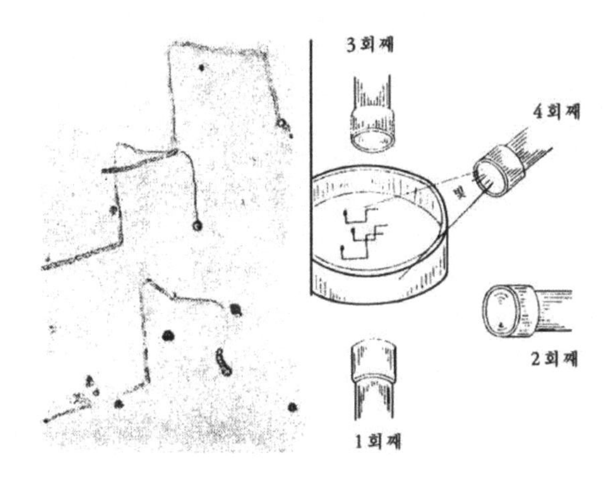

〈그림 83〉 빛을 쫓는 이끼 포자의 생장

의 발아관이 빛을 향해 자란다. 배양접시를 돌리면서 들어오는 빛의 방향을 바꾸어 주면 발아관은 빛의 방향이 바뀔 때마다 자라는 방향도 바뀐다. 〈그림 83〉은 생장 중에 빛의 방향을 90°로 3회에 걸쳐 바꾸었을 때의 발아관의 생장 모습이다. 이처럼 발아관은 광원을 쫓아다닌다.

인간 사회를 포함해서 생물의 역사는 빛을 중심으로 해서 살아왔다 해도 지나친 표현은 아닐 것이다.

종장

광합성은 식물만이 해내는 합성작용이므로 광합성을 논하려면 식물을 중심으로 해서 엮어 가는 것이 당연하다. 앞에서 "인간을 포함하여 모든 동물은 식물의 기생충…"이라 한 것도 이 때문이다.

말할 나위 없이 식물은 자급자족적, 합리적이며 수준 높은 생활을 하고 있다. 그렇다고 '식물이 동물보다 고급'이라는 뜻은 결코 아니다. 합리적이고 수준 높은 점은 비단 식물에 국한된 것이 아니고 동물의 생활에 있어서도 다를 바가 없다.

그래서 동물의 명예를 위해 동물 중에서 고등도 하등도 아닌, 게다가 식물과 가장 깊은 관계가 있는 꿀벌 이야기를 하나 해 보자.

꿀벌이 꽃꿀을 듬뿍 머금고 제집으로 돌아왔다. 홈런을 멋지게 한 방 치고 달려오는 선수를 벤치에 앉아 있던 다른 선수들이 맞듯이, 집에 있던 동료 꿀벌들이 우르르 모여든다. 돌아온 꿀벌은 이들 앞에서 조용히 춤을 추기 시작한다. 큼직한 엉덩이를 빙빙 돌리면서 좌우로 흔든다.

이 기묘한 독무(獨舞)를 지켜보고 있던 꿀벌들은 차례차례 벌통을 등지고 날아간다. 허공으로 날아간 꿀벌들은 어느새 춤을 추던 꿀벌이 찾아낸 꽃, 즉 밀원(蜜源) 위에 내려앉는다.

퀴즈 같은 이야기지만

'꿀벌들은 어떻게 춤추는 벌의 안내도 없이 밀원을 찾아냈을까?'

이것을 우리들의 일상생활에 비유해 보면

"이봐요, 이거 얼마짜린지 알아요? 200원…. 더 큰 것도 있어요."

"그래! 그렇게 싸? 어느 가게인데?"

"여태껏 몰랐다는 거요? 왜 있잖아요. 무교동 입구에 새로 생긴 무교백화점 말이에요. 신촌에서 오자면 세종로에서 오른쪽으로 지하도가 있지? 거기서 다시 오른쪽으로 빠져나오면 큰길 바로 건너편에 꽃 가게가 있어. 그 꽃 가게를 끼고 쭉 내려가면 사거리가…."

그래서 한가한 손님들은 무교백화점으로 모여든다.

꿀벌들끼리도 이런 식의 대화가 있는 것일까? 그렇다면 의기양양하게 추어 보이는 그 춤이 바로 다른 벌들에게 밀원의 위치를 대 주었다는 것일까?

프리쉬는 평생 동안 꿀벌의 행동을 샅샅이 살펴 왔다. 꿀벌 세계에서는 기묘한 춤 그 자체가 우리의 대화에 해당한다는 것을 알아냈다.

꿀벌의 춤은 벌통 안에 세로로 세워 둔 꿀판 위에서 추는 것이어서 마치 벽을 기어 다니는 거미의 움직임과 비슷하다. 이들 춤의 기본 스텝은 '∞' 모양인 것 같다. 제집으로 돌아온 꿀벌은 이 단순한 춤을 어느 때는 슬로우스텝으로, 다른 때는 퀵스텝으로 춘다. 이 춤의 변화가 어떤 의미를 지니고 있다.

가령 축을 수직으로 해서 추고 있을 때는 꽃이 태양 쪽에 있다는 것이고, 그 축을 오른쪽으로 30°쯤 기울여 추면 그 꽃이 태양의 오른쪽 30° 방향에 있다는 뜻이다. 또 2초에 한 번꼴로 퀵스텝으로 추면 꽃이 200m 지점에, 5초에 한 번꼴이면 500m 지점에 있다는 뜻이다.

동물의 의사 전달이 꼭 입으로 떠들어야 하는 것이 아니란 것은 전동차 안에서 농아학교 학생들이 손짓, 몸짓으로 즐겁게 이야기하고 있는 것을 봐도 알 수 있다. 꿀벌이 춤으로 자기의

〈그림 84〉 꿀벌과 사람의 논쟁

의사를 전달한다 해서 이상할 것은 조금도 없다. 단지 기이한 것은 꿀벌이 태양의 위치를 기준으로 해서 '태양의 오른쪽으로 이 정도 기운 방향…'이란 식으로 가리키는 방법이다. 그래서 같은 장소인데도 오전 중에는 태양의 오른쪽을, 오후에는 왼쪽을 가리킨다.

이것은 꿀벌들이 '태양은 항상 같은 자리에 있는 것이고 꼴의 위치가 시시각각으로 바뀐다'고 생각하기(?) 때문일 것이다(실제는 편광 방향을 이용).

우리가 남에게 길을 가르쳐 줄 때 태양을 기준으로 하지는 않는다. '전봇대에서 서쪽으로 50m', '삼일빌딩의 오른편 약 100m' 등으로 가리킨다. 이것은 태양은 움직이고 있지만 전봇대나 건물은 항상 제자리에 머물러 있다고 인식하기 때문이다.

우리는 지구가 돌고 있다는 것을 잘 알고 있다. 이것은 학교에서 그렇게 배웠고 또 책에서 읽었기 때문이다. 그런데 아직 태양중심설을 배우지 않은 사람이 있다 치고, 이 사람과 꿀벌이 법정에서 다투는 광경을 상상해 보자.

꿀벌: "태양은 절대로 움직이지 않는다. 움직이는 것은 꽃이고 나무이고 우리들이 살고 있는 땅이다."

사람: "산이건 나무건 건물이건 이들이 움직일 리는 없다. 태양이 움직이는 것이다. 태양은 매일 동쪽 산에서 올라와 서쪽 숲속으로 가라앉는다."

이 광경을 방청하면서 그냥 쓴웃음만 지을 것인가.

손가락보다 작은 꿀벌도 이토록 뛰어난 능력이 있다. 물론 우리는 꿀벌이나 식물이 지니지 않은 능력이 있다. 지구 위에는 제 나름대로의 능력을 가진 숱한 생물들이 서로 균형을 유지하면서 제각기 살아가고 있다.

오늘날 인간의 과학이 발전했다고는 하지만 우리는 아직 한 알의 세포는커녕 그 세포 속에 산재해 있는 엽록체 하나 만들어 내지 못한다. 이토록 복잡하고 수준 높은 생물, 그리고 사회. 이들이 우연히 이 세상에 생겨났다고 생각할 수 있겠는가?

"과학이 발전되면 될수록 종교적인 사유는 더욱 확고해진다"고 생각하는 저자는 과학을 다룰 자격이 없다는 꾸지람을 달게 받아들여야만 하는 것일까?

역자 후기

누구나 하는 말이겠지만 번역이란 작업은 새로 엮어 낼 때처럼 자료를 수집한다든지 이런저런 구상을 몇 번씩 엎치락뒤치락하는 그러한 번거로움에 대한 부담이 없다. 또 내용에 대한 일종의 책임감 같은 압력도 원저자의 몫으로 돌리면 그만이라는 무책임한 생각마저 들곤 해서 가볍게 달려들어 보고 싶은 충동이 일기도 한다.

그러나 막상 번역을 시작해 보면 부담과 책임감을 느끼지 않을 수 없다는 것을 곧 알게 된다. 원저자의 학문의 깊이나 표현 방식이 반드시 역자와 일치될 수는 없는 노릇이라, 문맥이나 진의(眞意)의 파악이라든가 인용된 자료의 불투명한 소재(所在) 등이 역자에게 발작적인 짜증을 불러일으키곤 한다.

그런데 이와나미 씨의 광합성(光合成)에 대한 설명은 너무도 명쾌하게, 그리고 그 순서가 부드럽게 이어져 있어서 아무런 부담도 역자로서의 책임감도 느끼지 못한 채 단숨에 옮길 수가 있었다. 그의 말대로 비전문가(?)라서 그렇게 평이하고 간결하게 엮을 수가 있었는지도 모르겠다.

하지만 역자의 욕심 같아서는 요즘 학계를 자극하고 있는 C_3(광합성의 첫 생성물인 3개의 탄소화합물), C_4 식물의 광합성 기제(메커니즘)에 대한 이야기도 되었더라면 하는 아쉬움이 없는 것도 아니다. 이런 욕심은 역자가 유난히 이 화제에 사로잡혀 있기 때문일지도 모른다.

심상철

광합성의 세계

지구상의 생명을 지탱하는 비밀

초판 1쇄 1985년 08월 15일
개정 1쇄 2019년 02월 28일

지은이 이와나미 요조
옮긴이 심상철
펴낸이 손영일
펴낸곳 전파과학사
주소 서울시 서대문구 증가로 18, 204호
등록 1956. 7. 23. 등록 제10-89호
전화 (02)333-8877(8855)
FAX (02)334-8092
홈페이지 www.s-wave.co.kr
E-mail chonpa2@hanmail.net
공식블로그 http://blog.naver.com/siencia

ISBN 978-89-7044-000-0 (03470)
파본은 구입처에서 교환해 드립니다.
정가는 커버에 표시되어 있습니다.

도서목록

현대과학신서

A1 일반상대론의 물리적 기초
A2 아인슈타인 I
A3 아인슈타인 II
A4 미지의 세계로의 여행
A5 천재의 정신병리
A6 자석 이야기
A7 러더퍼드와 원자의 본질
A9 중력
A10 중국과학의 사상
A11 재미있는 물리실험
A12 물리학이란 무엇인가
A13 불교와 자연과학
A14 대륙은 움직인다
A15 대륙은 살아있다
A16 창조 공학
A17 분자생물학 입문 I
A18 물
A19 재미있는 물리학 I
A20 재미있는 물리학 II
A21 우리가 처음은 아니다
A22 바이러스의 세계
A23 탐구학습 과학실험
A24 과학사의 뒷얘기 I
A25 과학사의 뒷얘기 II
A26 과학사의 뒷얘기 III
A27 과학사의 뒷얘기 IV
A28 공간의 역사
A29 물리학을 뒤흔든 30년
A30 별의 물리
A31 신소재 혁명
A32 현대과학의 기독교적 이해
A33 서양과학사
A34 생명의 뿌리
A35 물리학사
A36 자기개발법
A37 양자전자공학
A38 과학 재능의 교육
A39 마찰 이야기
A40 지질학, 지구사 그리고 인류
A41 레이저 이야기
A42 생명의 기원
A43 공기의 탐구
A44 바이오 센서
A45 동물의 사회행동
A46 아이작 뉴턴
A47 생물학사
A48 레이저와 홀러그러피
A49 처음 3분간
A50 종교와 과학
A51 물리철학
A52 화학과 범죄
A53 수학의 약점
A54 생명이란 무엇인가
A55 양자역학의 세계상
A56 일본인과 근대과학
A57 호르몬
A58 생활 속의 화학
A59 셈과 사람과 컴퓨터
A60 우리가 먹는 화학물질
A61 물리법칙의 특성
A62 진화
A63 아시모프의 천문학 입문
A64 잃어버린 장
A65 별· 은하 우주

도서목록

BLUE BACKS

1. 광합성의 세계
2. 원자핵의 세계
3. 맥스웰의 도깨비
4. 원소란 무엇인가
5. 4차원의 세계
6. 우주란 무엇인가
7. 지구란 무엇인가
8. 새로운 생물학(품절)
9. 마이컴의 제작법(절판)
10. 과학사의 새로운 관점
11. 생명의 물리학(품절)
12. 인류가 나타난 날Ⅰ(품절)
13. 인류가 나타난 날Ⅱ(품절)
14. 잠이란 무엇인가
15. 양자역학의 세계
16. 생명합성에의 길(품절)
17. 상대론적 우주론
18. 신체의 소사전
19. 생명의 탄생(품절)
20. 인간 영양학(절판)
21. 식물의 병(절판)
22. 물성물리학의 세계
23. 물리학의 재발견〈상〉
24. 생명을 만드는 물질
25. 물이란 무엇인가(품절)
26. 촉매란 무엇인가(품절)
27. 기계의 재발견
28. 공간학에의 초대(품절)
29. 행성과 생명(품절)
30. 구급의학 입문(절판)
31. 물리학의 재발견〈하〉(품절)
32. 열 번째 행성
33. 수의 장난감상자
34. 전파기술에의 초대
35. 유전독물
36. 인터페론이란 무엇인가
37. 쿼크
38. 전파기술입문
39. 유전자에 관한 50가지 기초지식
40. 4차원 문답
41. 과학적 트레이닝(절판)
42. 소립자론의 세계
43. 쉬운 역학 교실(품절)
44. 전자기파란 무엇인가
45. 초광속입자 타키온
46. 파인 세라믹스
47. 아인슈타인의 생애
48. 식물의 섹스
49. 바이오 테크놀러지
50. 새로운 화학
51. 나는 전자이다
52. 분자생물학 입문
53. 유전자가 말하는 생명의 모습
54. 분체의 과학(품절)
55. 섹스 사이언스
56. 교실에서 못 배우는 식물이야기(품절)
57. 화학이 좋아지는 책
58. 유기화학이 좋아지는 책
59. 노화는 왜 일어나는가
60. 리더십의 과학(절판)
61. DNA학 입문
62. 아몰퍼스
63. 안테나의 과학
64. 방정식의 이해와 해법
65. 단백질이란 무엇인가
66. 자석의 ABC
67. 물리학의 ABC
68. 천체관측 가이드(품절)
69. 노벨상으로 말하는 20세기 물리학
70. 지능이란 무엇인가
71. 과학자와 기독교(품절)
72. 알기 쉬운 양자론
73. 전자기학의 ABC
74. 세포의 사회(품절)
75. 산수 100가지 난문·기문
76. 반물질의 세계(품절)
77. 생체막이란 무엇인가(품절)
78. 빛으로 말하는 현대물리학
79. 소사전·미생물의 수첩(품절)
80. 새로운 유기화학(품절)
81. 중성자 물리의 세계
82. 초고진공이 여는 세계
83. 프랑스 혁명과 수학자들
84. 초전도란 무엇인가
85. 괴담의 과학(품절)
86. 전파란 위험하지 않은가(품절)
87. 과학자는 왜 선취권을 노리는가?
88. 플라스마의 세계
89. 머리가 좋아지는 영양학
90. 수학 질문 상자

91. 컴퓨터 그래픽의 세계
92. 퍼스컴 통계학 입문
93. OS/2로의 초대
94. 분리의 과학
95. 바다 야채
96. 잃어버린 세계·과학의 여행
97. 식물 바이오 테크놀러지
98. 새로운 양자생물학(품절)
99. 꿈의 신소재·기능성 고분자
100. 바이오 테크놀러지 용어사전
101. Quick C 첫걸음
102. 지식공학 입문
103. 퍼스컴으로 즐기는 수학
104. PC통신 입문
105. RNA 이야기
106. 인공지능의 ABC
107. 진화론이 변하고 있다
108. 지구의 수호신·성층권 오존
109. MS-Window란 무엇인가
110. 오답으로부터 배운다
111. PC C언어 입문
112. 시간의 불가사의
113. 뇌사란 무엇인가?
114. 세라믹 센서
115. PC LAN은 무엇인가?
116. 생물물리의 최전선
117. 사람은 방사선에 왜 약한가?
118. 신기한 화학매직
119. 모터를 알기 쉽게 배운다
120. 상대론의 ABC
121. 수학기피증의 진찰실
122. 방사능을 생각한다
123. 조리요령의 과학
124. 앞을 내다보는 통계학
125. 원주율 π의 불가사의
126. 마취의 과학
127. 양자우주를 엿보다
128. 카오스와 프랙털
129. 뇌 100가지 새로운 지식
130. 만화수학 소사전
131. 화학사 상식을 다시보다
132. 17억 년 전의 원자로
133. 다리의 모든 것
134. 식물의 생명상
135. 수학 아직 이러한 것을 모른다
136. 우리 주변의 화학물질
137. 교실에서 가르쳐주지 않는 지구이야기
138. 죽음을 초월하는 마음의 과학
139. 화학 재치문답
140. 공룡은 어떤 생물이었나
141. 시세를 연구한다
142. 스트레스와 면역
143. 나는 효소이다
144. 이기적인 유전자란 무엇인가
145. 인재는 불량사원에서 찾아라
146. 기능성 식품의 경이
147. 바이오 식품의 경이
148. 몸 속의 원소 여행
149. 궁극의 가속기 SSC와 21세기 물리학
150. 지구환경의 참과 거짓
151. 중성미자 천문학
152. 제2의 지구란 있는가
153. 아이는 이처럼 지쳐 있다
154. 중국의학에서 본 병 아닌 병
155. 화학이 만든 놀라운 기능재료
156. 수학 퍼즐 랜드
157. PC로 도전하는 원주율
158. 대인 관계의 심리학
159. PC로 즐기는 물리 시뮬레이션
160. 대인관계의 심리학
161. 화학반응은 왜 일어나는가
162. 한방의 과학
163. 초능력과 기의 수수께끼에 도전한다
164. 과학·재미있는 질문 상자
165. 컴퓨터 바이러스
166. 산수 100가지 난문·기문 3
167. 속산 100의 테크닉
168. 에너지로 말하는 현대 물리학
169. 전철 안에서도 할 수 있는 정보처리
170. 슈퍼파워 효소의 경이
171. 화학 오답집
172. 태양전지를 익숙하게 다룬다
173. 무리수의 불가사의
174. 과일의 박물학
175. 응용초전도
176. 무한의 불가사의
177. 전기란 무엇인가
178. 0의 불가사의
179. 솔리톤이란 무엇인가?
180. 여자의 뇌·남자의 뇌
181. 심장병을 예방하자